花·朵·传·奇

大航海时代的植物图谱

[英] 西莉亚·费希尔（Celia Fisher）◎著　董文珂◎译

人民邮电出版社

北 京

U0202854

图书在版编目（CIP）数据

花朵传奇：大航海时代的植物图谱 / （英）西莉亚
· 费希尔（Celia Fisher）著；董文珂译. -- 2版. --
北京：人民邮电出版社，2024.2
　ISBN 978-7-115-63140-4

　Ⅰ. ①花… Ⅱ. ①西… ②董… Ⅲ. ①植物—世界—
图谱 Ⅳ. ①Q948.51-64

中国国家版本馆CIP数据核字(2023)第219152号

内 容 提 要

　　15—18世纪的航海探险与地理大发现带来了植物学绘画的繁盛。在这一时期，人们对来自不同产地的植物的知识大大扩展，逐步开始对植物进行辨识，并进一步系统梳理它们的亲缘关系，因此出现了大量关于植物绘画的鸿篇巨制。在本书中，作者选择了在这一时期的植物图谱中出现的 100 多种美丽花卉，介绍了这些植物的原产地、名字来源和它们的重要属性。书中的很多花卉通过杂交繁育，现在已经得到广泛种植并为人们所熟知，但它们在图谱中仍然保留了在原始生境中的形态，令人耳目一新。

　　本书适合对博物学、植物和绘画感兴趣的读者阅读参考。

◆　著　　　　　[英]西莉亚·费希尔（Celia Fisher）
　　译　　　　　董文珂
　　责任编辑　　张天怡
　　责任印制　　陈　犇

◆　人民邮电出版社出版发行　　北京市丰台区成寿寺路 11 号
　　邮编　100164　　电子邮件　315@ptpress.com.cn
　　网址　https://www.ptpress.com.cn
　　北京宝隆世纪印刷有限公司印刷

◆　开本：880×1230　　1/20
　　印张：7.2　　　　　　　　　2024 年 2 月第 2 版
　　字数：143 千字　　　　　　2024 年 10 月北京第 3 次印刷
　　　　　著作权合同登记号　　图字：01-2022-5857 号

定价：79.90 元
读者服务热线：(010)81055410　印装质量热线：(010)81055316
反盗版热线：(010)81055315
广告经营许可证：京东市监广登字 20170147 号

作者的话

植物的命名一直都是一个挑战，在本书所涉及的大航海时代，当新的植物种类从四面八方涌至面前，即使是最聪明的科学家也会面临混乱压顶的威胁。植物学图版常常带有一串描述性的拉丁名，其中一些有助于理解，如"长在伞状花序上的、无芳香的、蓝紫色花的非洲球茎风信子"，这指的就是百子莲；而另一些则带有误导性，如埃塞俄比亚唐菖蒲其实不是唐菖蒲，而是产自南非的狒狒草。今天，许多旧的拉丁文学名已经被废弃了，但是拉丁语仍然是全球的植物学语言。本书为求简洁，按照植物拉丁文属名的字母排序进行内容编排，其中很多拉丁文属名也成为这类植物的英文名称。在本书中，附柱兰曾经常用的拉丁名 *Encyclia* 只能被无奈地舍弃，我们转用新的命名法将其标注为 *Prosthechea*。许多两三百年前刚被发现的植物现在已为人们所熟知，但植物猎人的冒险活动、科学家对未知事物的探索、栽培者的奉献精神和植物学画师的技艺仍应被称颂。本书主题宏大，涉及从人物传记到地理学的方方面面，希望读者能在花卉之美的吸引下，进一步探索花卉本身。

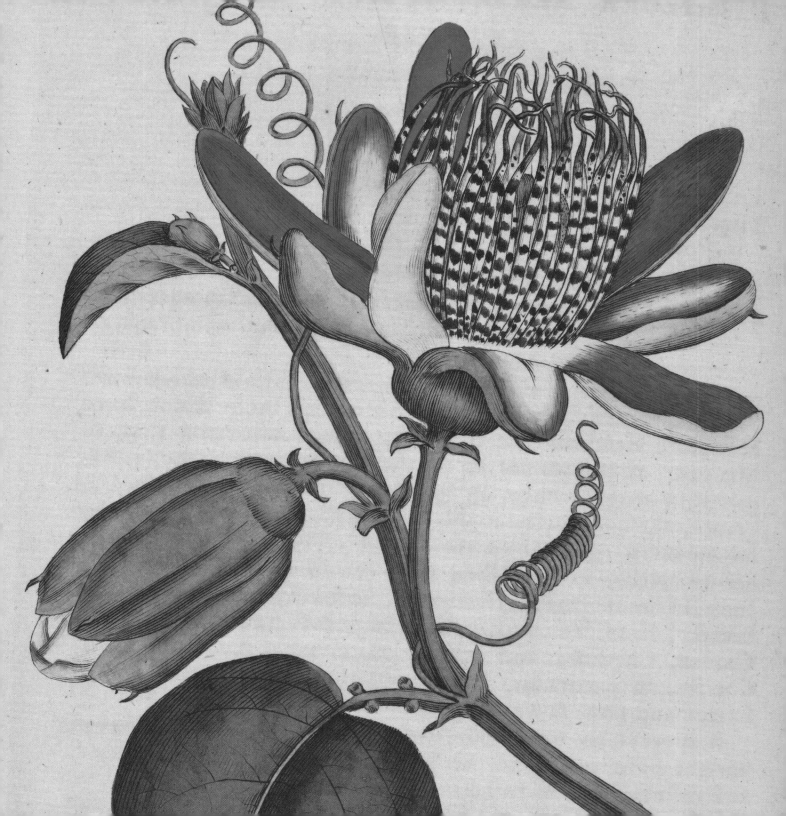

中文版再版序

致中国读者：

这本书的中文版再版了，对此我非常开心也非常荣幸，我还要感谢我的每一位读者！本书的英文原版由大英图书馆授权出版，为此该馆曾允许我使用其收藏的海量出版物中的植物科学画，其中一些画已有好几百年的历史了，但绝大多数还是 18 世纪的。那时的整个欧洲对花朵的品类和美有一种巨大的惊疑，这是此前从未有过的。这使得科学家们更深入地思考植物的分类，这也是为何它们的学名使用了拉丁语——一种现在不再使用但曾在全欧洲通行的传统语言。与此同时，整个欧洲还对植物潜在的应用价值有着浓厚的兴趣，比如用于医药或者纺织，这些价值曾经被探索过且如今也正在被探索，从未中断。

那个时候的中国人也收集植物吗？当时的欧洲人开始把来自异域的植物引种到花园中，如果气候寒冷，人们就建造温室去保护它们。最经典的植物收集癖例子就是郁金香，一类来自亚洲特别是土耳其的植物类群。郁金香有很多花色，有时还有带条纹的花瓣，但人们对郁金香的狂热没有持续太久。在当时的荷兰，曾有收集者花很多钱在郁金香上，但其实这导致了后续的经济和财政问题，因为郁金香的交易没有得到相关的监管。此外，19 世纪的欧洲人开始收集兰花，也花了大量的资金在这上面，其中第一种引入英格兰的兰花就来自中国广东，并以一位英格兰贵族女子的名字命名。遗憾的是，许多事情都有不好的另一面。对于当时的兰花采集而言，它为另外一些物种带来了巨大灾难，因此这些物种变得稀有甚至濒临灭绝。另外一种负面影响则是，植物的采集（和引种）对一些商品的原产国在全球性贸易中具有的优势造成了破坏，比如中国的茶叶和印度的棉花就因此失去了垄断市场。

本书旨在使植物爱好者享受其中并受到启发，但更重要的是我希望它激励人们深入地了解植物，也加深对我们两国之间关系的探讨。最后，希望我们两国之间能保持和平与更加友好。

西莉亚·费希尔
2023 年 11 月 12 日

目 录

引 言

植物的故事也是那些热爱植物、搜集植物和记录植物之人的故事，且像 18 世纪那样兴盛的场景是从未有过的。把这个全球扩张的时期称为黄金时代，掩盖了它危险和剥削的本质，但就植物学而言，这个措辞是恰当的——它暗示了活力、奇迹和某种程度上的天真。

这个时代的关键人物是卡尔·林奈（Carl Linnaeus，1707—1778 年）。1741 年，他成为瑞典乌普萨拉大学的植物学教授，这时他已经出版了《自然系统》（*Systema Natura*），该书提出了一种依据植物雄性器官（产生花粉的雄蕊）和雌性器官（待受精结籽的雌蕊）数量的植物分类新方法。在战胜了强烈反对这个大胆的性别系统的人之后，林奈还提出了新的植物命名方法——双名法，该方法仅用两个拉丁文单词区分植物，如法国蔷薇（*Rosa gallica*）或突厥蔷薇（*Rosa damascena*）。其中第一个单词是属名［较大的类群，如蔷薇属（*Rosa*）］，第二个单词是种加词（同属较小的相关类群）。当 1753 年林奈将双名法用在其出版的《植物种志》（*Species Plantarum*）中时，他已经对 7 000 多种植物进行了命名和分类。为每种新发现的花卉混乱地标注一长串拉丁文进行描述的方法被暂时搁置，林奈这种清晰的命名方法使得从植物学家到植物猎人的每个人都大大地松了一口气，而他则成了整个人际关系网的中心——他鼓励自己的学生代表他四处游访，并巧妙地要求每个欧洲植物学家"寄给我任何我还未描述过的植物，而且要完整

带花的植株"。

这种植物学的人际关系网并非新事物。16 世纪中叶，西班牙植物学家们在他们对墨西哥进行考察的记述中预言了这个大发现时代的到来（其间他们首次描述了大丽花和向日葵），这鼓舞了与他们同一时期的意大利人乌利塞·阿尔德罗万迪。尽管作为博洛尼亚大学的教授及其植物园负责人，他的时间已全被用来把植物学建成一个被人们所认可的学科，但他仍希望自己能到墨西哥去。16 世纪杰出的植物学家查尔斯·德莱克鲁兹（Charles de l'Ecluse，1526—1609 年）以克鲁修斯的名字闻名，最初他专注于自己学术履历的积累，但 1564 年他转而进行植物搜集，并将他的发现集合成了几部著作，而 1601 年代表其巅峰的著作《珍稀植物的历史》（*Rariorum Plantarum Historia*）则成为林奈进行植物学研究的起点之一。克鲁修斯访问了西班牙和英国并在那里研究了德雷克在航行中发现的植物，其中包括马铃薯。但 1573 年之后，他的根据地转移到维也纳，哈布斯堡王朝的皇帝鲁道夫二世邀请他到那里掌管自己的珍稀植物收藏。在这种良好的氛围下，以非传统的果蔬形态描绘而闻名的朱塞佩·阿钦博尔多甚至被允许把皇帝也当作他的模特，而克鲁修斯则栽培了从土耳其新引入欧洲的植物——贝母、黄蔷薇，以及最重要的——郁金香。大约在 1590 年，克鲁修斯带着自己先前搜集的植物回到荷兰，成为莱顿大学的植物学教授及其植物园负责人，并被视为荷兰

的《植物剧院》（*Theatrum Botanicium*）出版时，他已经能描述超过 300 种植物，不过他的分类系统中一些分类依据诸如"有毒的"、"未整理的"等有些混乱。杰勒德和帕金森，以及老约翰·特雷德斯坎特和他的儿子小约翰的植物搜集与考察工作让人记忆犹新。不太出名的约翰·雷是 17 世纪最好的植物学家之一，他所著的《植物的历史》（*Historia Plantarum*，1682—1703 年）提供了一个巧妙的植物分类系统，书中把植物划分到种的做法给了林奈启示，但让普通人去掌握这一系列的分类依据太难了。

几乎整个 17 世纪的植物学著作都缺乏彩色图谱。1613 年，纽伦堡的医生兼植物爱好者巴西利乌斯·贝斯莱尔取得了一项杰出成就，他整理出版了《艾希施泰特园艺词典》（*Hortus Eystettensis*），该书记录了艾希施泰特采邑主教搜集的大量植物，而贝斯莱尔则帮助其确认植物的来源并培育它们。此外，书中还收录了最受欢迎的花园植物，如银莲花和罂粟的最新品种，以及包括美人蕉在内的美洲新植物。像这样的项目，其内容的选取与篇幅取决于资助人的兴趣与财富。17 世纪的法国国王们也是这样，他们搜集的植物由其重要的园丁们（其中最著名的是让·罗宾）培育，并被记录在 1608 年开始出版的一系列被称为《国王的羊皮卷》（*Les Vélins du Roi*）的对开本中，以及同年出版的《基督徒亨利四世国王的花园》（*Le Jardin du Roi très chrétien Henri IV*）中。

卓越的园艺学之父。

在英国，新植物种类带给人们的兴奋体现在了约翰·杰勒德的《本草志》（*Herbal*）中富有诗意的描述上，该书于伊丽莎白一世统治末期出版并被用来纪念杰勒德的雇主伯利勋爵。书中写道："看到地球被植物所覆盖，如同用闪闪发光的东方珍珠装饰刺绣的礼服一样，还有比这更大的欣喜吗？"杰勒德经常谈及英国与欧洲大陆之间（最远能到君士坦丁堡）的植物交换。当 1640 年约翰·帕金森

早期的绘画题材包括美洲的龙头花和非洲的网球花。路易十四时期的《国王的羊皮卷》中的精美图谱由尼古拉斯·罗伯特绘制（虽未出版）。当时，插画师之间的竞争十分激烈。位于凡尔赛的皇家花园由勒诺特重新设计，而皇家园丁德拉坎蒂尼不得不种植更多的多汁水果，植物猎人查尔斯·普鲁密尔（又译"夏尔·普吕米耶"）不得不去寻找更多的美洲植物（他首次描述了倒挂金钟和附柱兰），皇家植物学家约瑟夫·皮顿·德图内福尔不得不解决命名问题。十分自信的德图内福尔不再使用约翰·雷的复杂方法，他选用了花瓣而非花内部的性器官作为分类的基础，这种方法为林奈的分类法开辟了道路。德图内福尔的巨著是 1694 年出版的《植物学原理》（*Éléments de botanique*），而他最著名的著作则是《航行至黎凡特》（*Voyage to the Levant*）。德图内福尔在国王的指派下，由画师夏尔·奥布列陪同，经希腊和土耳其一直探索到了黑海，德图内福尔发现了本延杜鹃花（*Rhododendron ponticum*）并搜集了数以百计的植物，但《航行至黎凡特》中没有彩图。

路易十四的扩张行径，尤其是与比利时的领土之争，耗尽了法国国库。与此同时，通过海外贸易和殖民地积累的财富，荷兰逐渐壮大并坚定地反对路易十四。在 17 世纪末至 18 世纪初的世纪之交，荷兰人成为植物大发现黄金时代的领头羊，他们的植物志（对一个地区所有植物的系统描述）由住在热带地区的植物学家编辑。例如在印度西南海岸马拉巴尔的总督德瑞肯斯坦·范瑞德（译者注：范瑞德把曾去过的南非德瑞肯斯坦加进了自己的名字中）编辑了 12 卷的《印度马拉巴尔园艺词典》（*Hortus Indicus Malabaricus*，1678—1703 年），其中包括最早的热带兰版画。而在印度尼西亚工作的乔治·埃伯哈德·朗夫于 1653 年到达安汶岛，在那里生活直至 1702 年去世，他编辑了 12 卷的《安汶标本集》（*Herbarium Amboinense*），其间他经历了许多的不幸——痛失亲人、在 1670 年失明、丢失手稿——这些与他的坚持不懈和敏锐的观察力一起，成为成就他传奇一生的资本。虽然著作的图谱不是彩色的，但他在野外的植物画师彼得·德勒伊特捕捉到了洋金凤、荷花和猪笼草等热带花卉华丽的美。

在向东的航线上，荷兰东印度公司于 1652 年建立了开普敦，在其土地上开辟菜园供应船员，并修筑了要塞为其提供保护。由于南非的花卉是世界上最多样的和最具观赏性的，诱人的球根花卉及相关描述被传回了欧洲。保罗·赫尔曼是第一个访问开普地区的专业植物学家，在往返锡兰（译者注：今斯里兰卡）的途中，他于 1672 年和 1680 年两次尽可能地搜集了所有的植物并鼓励开普敦花园的负责人去内陆考察。回到荷兰，他的同胞扬·科默兰在阿姆斯特丹建造了与原来的莱顿植物园一样的、以温室植物搜集和教学著称的药用植物园。赫尔曼外出考察归国后被任命为莱顿大学的植物学教授，并促进了两所研究机构之间的有益竞争，以及植物和信息的交换。1698 年赫尔曼出版了一本印度尼西亚的植物志，叫《荷兰人的天堂》（*Paradisus Batavius*）；同时科默兰推出了一本全名叫《阿姆斯特丹珍稀本草植物的描述和图鉴园艺词典》（*Horti medici Amstelodamensis rariorum descriptio et icones*，1697—1701 年）的作品集，该作品集十分引人瞩目，带有彩色图版，按字母顺序展示了不寻常的植物——百子莲（*Agapanthus*）、芦荟（*Aloe*）、孤挺花（*Amaryllis*）、熊耳菊（*Arctotis*）等。

同样在 17 世纪 90 年代，玛丽亚·西比拉·梅里安（Maria Sibylla Merian）——一个具有良好基础的花卉画师，也是艺术家、雕刻师和出版人团体中的一员——搬到阿姆斯特丹，在那里她看到了来自东印度群岛和西印度群岛的美丽生物。这些荷兰名人展示给公众的美妙自然史收藏品促使她在 1699 年（52 岁时）决定亲自去热带地区研究植物与昆虫的关系。她认同早期科学工作者的普遍信念——通过调查上帝造物的奇迹与上帝接触。作为一名新教徒，她去了热带美洲游历。拉巴第派宣扬回归早期基督徒的质朴，并在荷属西印度群岛的苏里南有一个传教士的据点（包括一个甘蔗园）。梅里安写道："每个人都惊讶于我活了下来"。只因她在 1701 年凯旋并于 1705 年出版了《苏里南昆虫变态图谱》（*Metamorphosis Insectorum Surinamensium*），书中的 60 幅彩色图版描绘的全是华丽的植物和捕食性昆虫之间扣人心弦的故事，而该书的成功证明了昂贵的带图谱的自然史图书有其市场。在植物学流行的

时代，荷兰的奥兰治亲王威廉三世及其妻子玛丽对搜集植物的热情感染了整个国家，大臣们纷纷效仿，尤其是搜集仙人掌类和多肉植物。威廉和玛丽都是英国斯图亚特王室的后人，1688 年威廉被请求取代固执的詹姆斯二世登上英国王位，因而他们的兴趣逐渐转向了在英国栽培植物。于是，汉普顿宫温室花园里的珍稀植物重获生机，英国的植物搜集也获得了一个新契机，植物学家们还进入了上流社会圈。

这个圈子中的人物有伦敦主教亨利·康普顿，他获得了指派神职人员去美洲殖民地的权力，并抓住这个机会鼓励这些人搜集美洲植物。其中最热心的神职人员是约翰·巴尼斯特，巴尼斯特先去了西印度群岛，然后去了北美的弗吉尼亚，并首次出版了一本美洲植物名录——约翰·雷带着感激之情将其收录在了《植物的历史》（*Historia Plantarum*）中。该书首次描述了美洲的杜鹃花、广玉兰、金光菊和流星花。与此同时，康普顿主教在他富勒姆宫的土地上种满了珍稀的乔灌木，温室内栽满了不寻常的植物。"他以观察温室中的植物为一大乐事，所以他允许对植物学感兴趣的其他人也这样做。"在这群令人钦佩的人当中，你可能听说过约翰·伊夫林［他写了一本叫《森林志》（*Sylva*）的关于树艺学的书，在他的有生之年，该书比其日记更有名］，还有切尔西药用植物园的资助人汉斯·斯隆爵士和 18 世纪早期的植物学家们。1689 年，斯隆带着许多干

HORTI
MEDICI
AMSTELODAMENSIS
Rariorum
PLANTARVM
HISTORIA

13

标本及其雇主阿尔比马尔公爵经过防腐处理的遗体从牙买加回国，他由此获得了属于自己的植物采集履历。在切尔西附近有一座属于博福特公爵夫人玛丽的宫殿般的花园，她证明了严肃的植物研究不仅仅是男人的事情，像梅里安（公爵夫人有梅里安画作的复制品）和她的朋友玛丽王后都是女性。当博福特公爵（译者注：一位英国政治家）摆脱了那个时代的封建桎梏，而按照自己的想法行动时，公爵夫人凭着自身的技能和决心，研究园艺学达50多年，她无休止地编目、记录、压制标本和尝试鉴定她的标本植株。她的浩瀚馆藏包括科默兰和范瑞德著作的注释本，她和斯隆爵士采集、制作的标本现如今被保存在英国自然历史博物馆。她具有别人不具备的将生病的奇花异草养好的能力。她的多肉植物清单包括芦荟、大戟、豹皮花和丝兰。她记录的天竺葵、娜丽花、木槿、马蹄莲、西番莲和曼陀罗等植物虽然现在家喻户晓，但在当时却是不寻常的。

在接下来的18世纪里，许多贵族倾其财富和凭借自身的影响促进了园艺的发展及相关出版物的出版，如惠顿的阿盖尔公爵和桑顿的彼得勋爵。其中一部分原因是他们想让自己新设计的景观拥有引人瞩目的植物；另外，他们还想让这些景观获得真正的专业评价。贵族的资助不仅惠及了最重要的设计师，如查尔斯·布里奇曼和"能人"布朗，还惠及了那些具有种植奇异植物经验的园丁，结果这些园丁成了精明的企业家。如最初被康普顿主教雇用，而后被荷兰的奥兰治亲王威廉三世及其妻子雇用的乔治·伦敦，他为了满足市场对植物日益增长的需求，在布朗普顿建了自己的苗圃；彼得勋爵的园丁詹姆斯·戈登

于彼得勋爵去世后的1743年在迈尔安德建了一个苗圃，并将山茶花和栀子花引入市场，甚至得到了商人兼园艺能手彼得·柯林森"我从未听说过有哪个人能如此繁育那小若尘埃的山月桂和杜鹃花的种子"的赞赏。又如哈克尼的康拉德·罗迪吉斯专攻热带兰；哈默史密斯的詹姆斯·李曾是阿盖尔公爵的园丁，他从澳大利亚的植物湾获得种子并专注于研究南非和澳大利亚的植物——虽然他最大的名声是与倒挂金钟相关的。再如霍克斯顿的托马斯·费尔柴尔德开展杂交试验并差一点向英国皇家学会递交一篇相关论文；美洲植物专家克里斯托弗·格雷在康普顿主教去世后的1713年抢救了富勒姆宫的植物，且直到18世纪70年代，他一直是美洲植物的主要提供者。而令人敬畏的菲利普·米勒原本是一个普通园丁，汉斯·斯隆爵士使他成为切尔西药用植物园的主管。在这个有利的位置上，他的《园丁词典》（*Gardener's Dictionary*）从1731年起出版了多个版本，成为介绍新引种植物及其栽培方法的"圣经"，并在18世纪末被《柯蒂斯植物学杂志》广泛引用。让人难忘的是米勒曾对年轻的林奈产生异议，且直到晚年还反对林奈的观点。

像马克·凯茨比这样的植物猎人，如果不进行长途跋涉，可能就不会取得任何的成就。他受其前辈查尔斯·普鲁密尔和玛丽亚·西比拉·梅里安的鼓舞，并利用自身毋庸置疑的优势——他有一个认识约翰·雷的叔叔和一个嫁给威廉斯堡的一位医生的姐妹，从1712年至1719年花了7年时间去探索北美的弗吉尼亚，其间于1714年还去了一趟牙买加。他把种子寄给了托马斯·费尔柴尔德。回国后他绘的

图令威廉·谢拉德和汉斯·斯隆爵士印象深刻，因此他们发起了一次用于回访美洲的资助活动，回访时间从 1722 年到 1726 年，回访地区包括卡罗来纳、佐治亚、佛罗里达和巴哈马群岛。在这之后凯茨比定居下来，先是和托马斯·费尔柴尔德共事，而后又与克里斯托弗·格雷共事。1733 年他成为一名"非常受人尊敬的"英国皇家学会会员，并把毕生奉献给了《弗吉尼亚、卡罗来纳、佛罗里达和巴哈马群岛的自然史》（*The Natural History of Virginia, Carolina, Florida and the Bahama Islands*）的编写工作。凯茨比懂得"着色的自然史对于完美地理解它极其必要"。他通过在插画中加入相关动物（最成功的是鸟类，甚至有一次是一头野牛）让他的植物绘画充满生机，因为在一个图版上结合两个主题降低了制作成本，这就是他坦率承认的目的——"节约"。他于 1729 年出版了第一套 20 个图版，其他图版随后陆续出版，直到 1749 年他去世前不久。其实在凯茨比去世之后，他的作品还在出版，因为克里斯托弗·格雷于 1767 年采用凯茨比的图版出版了受读者欢迎的《欧美园艺词典》（*Hortus Europae-Americanus*），其中还包括第一张北美金缕梅的图片。

另一位重量级人物彼得·柯林森是锡蒂的一个布商，他帮凯茨比支付了《弗吉尼亚、卡罗来纳、佛罗里达和巴哈马群岛的自然史》的出版费用，"否则（这部作品）肯定被认为没必要出版而成了书商的牺牲品"。在继承一笔巨额遗产前，柯林森在佩卡姆的花园被描述成"小而整洁且全是珍稀植物"。他利用商业关系从海外获得了植物，甚至凭借自身的种植专长，与林奈保持了书信往来。而他与宾夕法尼亚的农场主约翰·巴特拉姆的联系最富成果，后者后来成了一名植物猎人，并以每个植物样本 5 几尼（译者注：英国旧时货币单位）的价格每年售出大约 20 箱种子和活体植物。那些当时在美洲已很稀少且可能灭绝的植物，如美国夏蜡梅、北美四照花、北美鹅掌楸和广玉兰，它们的供应量都因而增加，需求也顺理成章地上升了。到了 1740 年，柯林森和巴特拉姆有了"稳定的商贸业务"——提供植物给狂热的爱好者们，直至 1768 年柯林森去世。

18 世纪后期，东印度公司的负责人约翰·斯莱特是锡蒂的一个收购进口植物的老主顾。他自己搜集月季和茶花，同时还鼓励公司的雇员探索远东植物及其经济潜力。威廉·罗克斯伯勒在调查金合欢、棉花和香料等印度植物及其多变的特性方面极为杰出，他以东印度公司驻马德拉斯（译者注：金奈的旧称）医生的身份于 1766 年首次到达印度。刚到这里他便开辟了一个经济和药用植物的花园，他的朋友丹麦植物学家约翰·杰勒德·凯尼格对此助益颇多。凯尼格是林奈的学生，也是印度的丹麦人定居区的医生，并以博物学家的身份被阿尔果德的地方长官雇用。他的贡献在罗克斯伯勒的巨著《科罗曼德尔海岸的植物》（*Plants of the Coast of Coromandel*，1795—1819 年）的序言中得到了认可，该书汇编自他们一同实地考察的笔记。1793 年罗克斯伯勒被指定为由东印度公司支持建立的加尔各答

对页图：贝母的特写，出自皮埃尔－约瑟夫·雷杜德的《百合》，巴黎，1802—1816年，第3卷，图131。

植物园的主任。他们的笔记在出版时因利用了印度画师为其提供的图谱而增色不少。与此同时，不仅仅是罗克斯伯勒，他在印度的同辈人、东印度公司军队的军官托马斯·哈德威克和总督韦尔斯利侯爵也资助了由印度画师绘制的有价值的自然史图谱。

作为一个年轻的植物学家，约瑟夫·班克斯十分感激林奈的学生丹尼尔·索兰德，为了帮助识别植物，后者陪他参加了1769—1771年库克船长的"奋进号"航行。当他们抵达传说中的"南方大陆"时，乔治三世委派他们去探索该地并宣示主权，他们命名其登陆的地方为植物湾，那里丰富的奇特花卉让他们如愿以偿。当他们完成所有干标本的分类登记和命名后，经统计，其数量达到了令人难以置信的1 300种，而随行的植物学画师悉尼·帕金森则把它们画得栩栩如生。植物标本由索兰德负责保管，而来自整个欧洲的植物学家们则去班克斯的书屋查阅这些植物的绘画等资料，但关于这些植物的资料并没有出版。另一位著名的植物学家詹姆斯·爱德华·史密斯对其有广泛的兴趣并出版了《新荷兰的植物学标本》（*A Specimen of the Botany of New Holland*，1793年），丰产的植物学画师詹姆斯·索尔比用高超的技艺为该书绘制了图谱。索尔比还开发出了切实可行且经济的彩色图版印刷技术，并向《柯蒂斯植物学杂志》贡献了许多图版。该杂志由兰贝斯的威廉·柯蒂斯创办，1787年起至1801年

每年一版。杂志中除了植物图谱、对植物的描述和栽培记录介绍之外，有时还会介绍一些名人逸事。一个关于某种珍稀天竺葵的趣闻揭露了哈默史密斯的苗圃主詹姆斯·李是个机会主义者：在仔细查看班克斯从开普地区获得的物品时，他发现了一些成熟的种子并恳求能拥有它们，正是由于他成功地让天竺葵种子发了芽，我们如今才拥有了这种植物。

班克斯是林肯郡一个富有的地主。作为一个植物猎人，他获得了牛津大学的植物学学位并拥有优秀的履历。难怪他的朋友乔治三世邀请他掌管和壮大已整合在邱园的皇家收藏。班克斯在其英国皇家学会会长的位置上投入了巨大精力，织就了广泛的人际关系网。他鼓励许多在海外任职的人——如威廉·罗克斯伯勒——向他提供植物和相关信息以完成由邱园资助的官方考察活动。罗克斯伯勒最值得称颂的可能就是参加布莱船长的"博爱号"航行去寻找面包树，不过18世纪后期杰出的植物猎人弗朗西斯·马森却暗中收集南非的珍稀植物。在1772—1775年第一次访问南非期间，马森与林奈的弟子卡尔·桑伯格一起进行考察。从1786年起在南非的10年间，他对许多之前未知的植物种类做了记录，包括帝王花和鹤望兰。马森自己最喜欢的植物可能是豹皮花，因为他为其撰写并绘制了一本专著。他还提供了欧石南并由弗朗西斯·鲍尔绘制了非常细致精美的插画。

弗朗西斯·鲍尔和他的弟弟费迪南德·鲍尔在维也纳从事植物学画师职业，曾负责植物学教授尼

古劳斯·约瑟夫·雅坎的《珍稀植物图鉴》(*Icones Plantarum Rariorum*,1781—1793 年)一书的绘图工作。该书是一本精彩的选集,由哈布斯堡王朝的皇帝弗朗西斯一世授权编写。牛津大学植物学教授的儿子约翰·西布索普于 1784 年到达维也纳去研究《维也纳手抄本》(*Codex Vindobonensis*)中的植物,这本书是现存最古老的、由迪奥斯科里季斯医生于 1 世纪所著的本草志,直到今天它依然是欧洲最重要的药学著作之一。西布索普打算去希腊和土耳其游历并鉴定迪奥斯科里季斯提到的植物,以及出版希腊最全面的植物志。1784 年西布索普劝说费迪南德·鲍尔负责《希腊植物志》(*Flora Graeca*)的绘图工作,以确保该著作在视觉上的成功。费迪南德·鲍尔作为一个植物学画师,特别是在澳大利亚具有丰富的经历。1788 年这对兄弟中相对内敛的弗朗西斯·鲍尔与雅坎的儿子去伦敦旅行,后者写信回家提到了英国植物学家的热情:"如果有不确定的植物,那么英国将是确定它的地方。"约瑟夫·班克斯就是那个确认植物物种的伟大人物,他把弗朗西斯请到了邱园,让弗朗西斯担任常驻画师。

英国卓越的植物学成就也吸引了德国画师乔治·埃雷特,通过参观一系列的知名花园,他在植物图谱的绘制方面产生了灵感。他于 1737 年遇到了林奈,当时正值两人职业生涯的初期,林奈正为阿姆斯特丹的银行家乔治·克利福德(搜集的植物编一本带有描述文字的植物一览集——《克利福德的园艺词典》(*Hortus Cliffortianus*),并在书中使用了新的性别系统;而埃雷特则为该书绘制

了包括花部特写在内的 20 个图版,这成了日后植物图谱的规范。在英国期间,埃雷特娶了切尔西药用植物园主管菲利普·米勒妻子的妹妹并经常在此工作。波特兰公爵夫人则常在布尔斯特罗德款待他,在那里公爵夫人把珍稀的植物收藏在那个时代最好的花园中。波特兰公爵夫人是夏洛特王后及其资助的画师玛丽·德拉尼夫人的朋友。德拉尼夫人在她 1768 年 10 月的日记中写道:"可怜的埃雷特开始抱怨为了解剖植物而在显微镜下观察叶片和花朵时伤了眼睛。"在出版方面,富有的纽伦堡藏书家克里斯托弗·雅各布·特鲁博士是埃雷特最好的合作者和一生的朋友。基于埃雷特在"伦敦的稀奇花园"中的工作,他俩一起编写了《精选植物》(*Plantae Selectae*,1750—1790 年)和《最美的园艺词典》(*Hortus Nitidissimus*,1750—1772 年)并将其寄给了纽伦堡的特鲁。

巴黎的皮埃尔-约瑟夫·雷杜德是黄金时代最卓越和丰产的植物学画师,1782 年他加入了兄弟的剧院布景设计工作,就此开始了作为画师的职业生涯。当他在杜伊勒里宫花园画素描时,被法国植物学家夏尔·路易·埃里捷发现并受雇为《新植物》(*Stirpes Novae*,1784—1785 年)画插画。1787 年埃里捷还带雷杜德拜访了约瑟夫·班克斯。回巴黎后,雷杜德加入了以杰勒德·范斯班东克为首的且仍在出版的《国王的羊皮卷》的团队,尽管受大革命的影响,但该团队的工作以另外一个名义得以继续。1798 年雷杜德前往吕埃-马尔迈松城堡(编者注:拿破仑一世的皇后约瑟芬的居住地)记录约瑟芬皇后令人惊奇的收藏——这些收藏可能要

归功于皇后对稀奇植物的热爱，这种热爱来自她对在马提尼克度过的年轻时光的回忆。她暖房中的植物在《马尔迈松和纳瓦拉栽培珍稀植物的描述》（*Description des plantes rares cultivées à Malmaison et à Navarre*）中得到赞美，这本书的文字由 1804 年从南美搜集植物归来的植物学家艾梅·邦普朗撰写。约瑟芬皇后举世无双的月季收藏记录在了《月季》（该书直到 1817 年才出版）中，其中包括在那个世纪之交可获得的每个种，也包括杂交种和变异种。而雷杜德公认的巨著《百合》（*Les Liliacées*，又译《百合圣经》）广泛涵盖了单子叶植物，从姜和火炬花到郁金香和热带兰花，共计 486 幅图版。多肉植物和百合类植物的外观是特别难保存的，通过植物图谱的方式保存比其他方式要好。雷杜德把自己毕生工作的理念总结为："博物学家们长期以来的遗憾是他们不能在标本馆内保存百合科植物，但描述的准确性能避免麻烦的出现，他们可以找到每个单株植物的正确图画；而单纯的业余植物爱好者没有学习科学的欲望，他们只是好奇地想知道这些植物的特征和历史。"

相思树（金合欢）*Acacia*

当威廉·罗克斯伯勒于 1766 年到达印度时，他发现金合欢无论是在应用范围还是在稀奇的外观上都是无与伦比的。几个世纪以来，它的树脂（被称为阿拉伯树胶）通过贸易从东方到达西方。在印度，金合欢也被用来给牲畜、作物、住所遮阴；它的树枝被用作木柴和草料；其木材既柔韧又耐用，适宜造船，也可做车轮、茶叶箱和棺材；从树皮中可提取出鞣酸，也可将树皮用于制作染料，常被印花染布画师们所使用。有一种金合欢还能治愈淋病；而印度人则从另一种金合欢中"蒸馏出一种烈性酒"，并用其花提取香精。

出自威廉·罗克斯伯勒的《科罗曼德尔海岸的植物》，伦敦，1795—1819 年，第 2 卷，图 120。

百子莲 *Agapanthus*

百子莲是从南非引种的第一批花卉之一。1629 年，根据约翰·帕金森的描述，它是"一些荷兰人在好望角西边搜集到的"，荷兰人只是含糊地称其为蓝百合或非洲风信子，而它更引人瞩目的名字是"爱情花"，命名灵感来自希腊语。然而人们却花费了几十年的时间耐心培育，才使得它开花。阿姆斯特丹药用植物园的扬·科默兰承认百子莲在与他竞争的莱顿植物园的保罗·赫尔曼的照料下首次开花。科默兰去世后，百子莲于1698 年在阿姆斯特丹开花、结实并被绘制在插画中。

出自扬·科默兰的《阿姆斯特丹珍稀本草植物的描述和图鉴园艺词典》，阿姆斯特丹，1697—1701 年，第2 卷，图 133。

芦荟 *Aloe*

虽然芦荟是非洲植物，但在美洲它有一个近亲——龙舌兰，这表明它们有共同的祖先。两者都有纤维质的、多刺的莲座状叶片，以及大量开红花或黄花的穗状花序。欧洲的植物猎人把库拉索芦荟（*Aloe vera*）从北非运到加勒比地区并称其为巴巴多斯芦荟，仿佛它们是新世界（译者注：指美洲）的原生植物，结果他们自己对于这种植物的分类更加混乱。因此，这种植物出现在了《艾希施泰特园艺词典》中。在 17 世纪，大多数芦荟是用从开普地区带走的种子培育的，其搜集者包括奥兰治亲王威廉三世及其妻子玛丽，还有博福特公爵夫人（她列出了 20 种）。在雕刻有神和绿人（编者注：基督教建筑中常见的头颅形象）的装饰华丽的花盆里，芦荟的魅力被展示无遗。

出自扬·科默兰的《阿姆斯特丹珍稀本草植物的描述和图鉴园艺词典》，阿姆斯特丹，1697—1701 年，第 2 卷，图 215。（译者注：图为鲨鱼掌，当时被归入芦荟属。）

六出花（秘鲁百合）*Alstroemeria*

六出花早先曾与秘鲁关联在一起（不过大多数的种起源于智利），因而印加百合这个如诗般的名字被错误地赋予给了它。它本来的名字 *ligtu* 则用来指代六出花的一个种和后来的现代杂交种。紫斑六出花（*Alstroemeria pelegrina*）是第一个被引入西班牙的品种，1753 年克拉斯·阿斯特梅尔把它的种子寄给了老师卡尔·林奈。林奈则以这位学生的姓氏命名了该植物，并于那年的冬季在卧室内细心地培育幼苗。早期的六出花的确是温室花卉——在 1791 年的《柯蒂斯植物学杂志》中它"在肯辛顿的米塞尔·格里姆伍德的炉子旁盛放"，皮埃尔－约瑟夫·雷杜德绘制过的这种花还被收入马尔迈松城堡的约瑟芬皇后的藏品中。

上图：出自威廉·柯蒂斯的《柯蒂斯植物学杂志》，伦敦，1787—1801 年，第 3/4 合卷，图 125。

右图：出自皮埃尔－约瑟夫·雷杜德的《百合》，巴黎，1802—1816 年，第 1 卷，图 40。

孤挺花（颠茄百合）*Amaryllis*

LILIO-NARCISSVS *Africanus scillæ foli- is, flore niveo linea pur- purea firiato Mill.*

拥有美丽名字的孤挺花让人联想到在经典田园诗歌中嬉戏玩耍的仙女们。它的花色从白到粉，再到红。它原产自南非，并成为阿姆斯特丹的扬·科默兰和奥兰治亲王威廉三世及其妻子玛丽在汉普顿宫的收藏。这是最初的孤挺花。而在 17 世纪，许多种来自美洲的花卉也被叫作孤挺花或巴巴多斯百合，但现在它们被划入朱顶红属（*Hippeastrum*）。18 世纪，与之非常相似的文殊兰从亚洲被引入。欧洲培育的杂交种及类似品种让人们更加弄不清楚哪个是孤挺花的原生种，但与此同时，普通植物爱好者却欣然地把它们全都当作孤挺花。

左图：出自克里斯托弗·雅各布·特鲁和乔治·埃雷特的《精选植物》，纽伦堡，1750—1790 年，图 13。

对页图：出自皮埃尔-约瑟夫·雷杜德的《百合》，巴黎，1802—1816 年，第 1 卷，图 32。

欧银莲 *Anemone*

春天，欧洲银莲花成片开放，但 17 世纪和 18 世纪花园中盛行的银莲是原产于地中海国家的欧洲银莲花（*Anemone coronaria*）及其杂交种。在栽培中不常见的重瓣被选出来，因其中心花瓣具天鹅绒般质感而得名绒毛银莲花。在重瓣和带条纹的银莲花成为 17 世纪静物画师的心爱之物前，一幅早期的画作曾出现在于 1613 年出版的《艾希施泰特园艺词典》中。古老的名字 "coronaria" 暗指在古典时期银莲花被用作花环；尤其在春天的宗教仪式中，这种花与神话人物阿多尼斯的死及其复活密切相关。

上图：出自约翰·西布索普和费迪南德·鲍尔的《希腊植物志》，伦敦，1806—1840 年，第 6 卷，图 514。

对页图：出自巴西利乌斯·贝斯莱尔的《艾希施泰特园艺词典》，阿尔特多夫，1613 年，图版 29。

Anemone hortensis latifolia
flavo duplicato

Anemone hortensis flore pleno cocci
neo variegato latifolia

Anemone flore multiplici
coccineo colore tenuifolia.

Anemone simplex latifol
pupurascens

天南星科 Araceae

天南星科的花部形态都是在佛焰苞中竖立着雄性生殖器般的紫色肉穗花序（并散发一股腐烂气味吸引蝇类授粉），这让目击者们大为吃惊，由此它也拥有了近乎下流的绰号。在欧洲，最大的天南星科植物是龙芋（*Dracunculus vulgaris*），这是一种产自地中海的、茎上带有像蛇皮或龙皮图案的植物。北美臭菘（*Symplocarpus foetidus*）生长在北美弗吉尼亚的沼泽中，马克·凯茨比发现了它并认为其具观赏价值，果然，彼得·柯林森在他位于佩卡姆的花园中欣然地栽培了它。在东方的热带地区，甚至有更多极好的天南星科植物等待被发现，如疣柄魔芋（*Amorphophallus paeoniifolius*），它具有富含可食用淀粉的球茎。

出自威廉·罗克斯伯勒的《科罗曼德尔海岸的植物》，伦敦，1795—1819年，第3卷，图272。

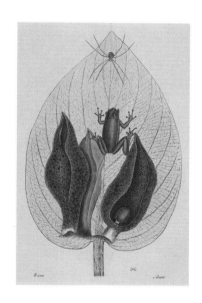

上图: 出自马克·凯茨比的《弗吉尼亚、卡罗来纳、佛罗里达和巴哈马群岛的自然史》, 伦敦, 1754 年, 第 2 卷, 图 71。

右图: 出自约翰·西布索普和费迪南德·鲍尔的《希腊植物志》, 伦敦, 1806—1840 年, 第 10 卷, 图 946。

熊耳菊 *Arctotis*

虽然如今熊耳菊依旧鲜为人知且很难被栽培，但开日落般橙色和粉色花的它是南非最可爱的一种菊科花卉。扬·科默兰在开普地区首次获得熊耳菊并将它栽培在了他在阿姆斯特丹的温室中。菲利普·米勒则将它栽培在切尔西药用植物园中，乔治·埃雷特也许就是在那里发现了《精选植物》中所绘的熊耳菊。该著作绘制了伦敦最好的收藏中最稀有的植物。卡尔·林奈根据它被毛的种子，用希腊语"arktos"（熊）将这种植物命名为熊耳菊。

出自克里斯托弗·雅各布·特鲁和乔治·埃雷特的《精选植物》，纽伦堡，1750—1790年，图93。

ARCTOTIS /:acaulis:/ pedunculis radicalibus, folis lyratis.
Linn. Spec. 1306.

蓟罂粟（刺罂粟）*Argemone*

墨西哥的罂粟有仙人掌般的刺，起初它们被称为刺罂粟（*Papaver spinosum*）。玛丽亚·西比拉·梅里安在苏里南完成的蓟罂粟画作中突显了其具攻击性的叶片；为了体现植物的大小比例，她还加上了鹿角甲虫。梅里安热带之旅的主要收获是搜集了不寻常的昆虫，饲养这些昆虫并观察了其幼虫的变态。她勇敢地探索了整个丛林："我不得不先让当地人拿着斧头为我开辟出一条可行进的道路。"难怪她的画作常常带有一种凶猛、令人毛骨悚然的元素，这也反映了当时荷兰人对生死符号的狂热。

出自玛丽亚·西比拉·梅里安的《苏里南昆虫变态图谱》，阿姆斯特丹，1705 年，图 24。

紫菀（米迦勒菊）*Aster*

Francifco Clifton MD. Coll. Med.
Lond. & Soc. Reg. Socio.

a Museum pinx.

F. Kirkall fc.

紫菀的学名"*Aster*"意指星状的花，最初它以来自地中海的种类命名，但那些新引自北美的紫菀却更出色：1637年侧花白菀（*Aster tradescantii*）被小约翰·特雷德斯坎特从北美的弗吉尼亚带回欧洲；荷兰菊（*A. novibelgii*）以荷兰人定居点的名称命名，那里是采集其种子的地方（当1664年英国人占领该地后将其重新命名为"纽约"）；1710年美国紫菀（*A. novaeangliae*）以新英格兰的名字命名。1726年马克·凯茨比为托马斯·费尔柴尔德在霍克斯顿的苗圃从弗吉尼亚引种了大花紫菀（*A. grandiflorus*），剑桥大学植物学教授约翰·马丁精选了左图这一单株用在他的著作中。

出自约翰·马丁的《珍稀植物历史》（*Historia Plantarum Rariorum*），伦敦，1728年，图19。

耳叶报春 *Auricula*

罗伯特·约翰·桑顿的《花之神殿》图谱中的山地背景是可信的，因为耳叶报春是起源于高山的花卉，其花色像其他报春花一样，是柔和的黄色或淡紫色。它于 16 世纪由当时在维也纳皇家花园工作的克鲁修斯首次引种栽培。该花色泽浓郁且带天鹅绒质感，与其中心暗淡的"糊状"形成鲜明对比。到 18 世纪 30 年代，耳叶报春被扬·范海瑟姆及其追随者们在花卉画中反复描绘。随后，耳叶报春变成植物猎人的商品，其花色用诱人的名字列在了目录中——红褐色、柳绿色、鼠灰色、黑紫色、黑色和"伦敦附近巴特西的主妇巴格斯培育的精美的紫色"。

出自罗伯特·约翰·桑顿的《花之神殿》，伦敦，1799—1807 年。

狒狒草 *Babiana*

在 17 世纪的阿姆斯特丹那个种满奇花异草的花园中，扬·科默兰拥有的最不寻常的植物就是来自南非的狒狒草（*Babiana ringens*）了。它的外形如此非凡，宛若一种想象中的植物。它奇特的花形特别适合太阳鸟为其授粉——植株中间的茎进化成鸟儿可停留的地方。科默兰因它剑形的叶子将其命名为 *Gladiolo* 和 *aethiopico*（意思是"非洲的"）。开普地区的殖民者注意到猴子和豪猪吃这种花，所以称它为狒狒草（*baboon root*）。科默兰的插画是根据这种植物被鉴定时的原始模式标本绘制的。

出自扬·科默兰的《阿姆斯特丹珍稀本草植物的描述和图鉴园艺词典》，阿姆斯特丹，1697—1701 年，第 1 卷，图 81。

佛塔树（班克木）*Banksia*

班克木以其发现者约瑟夫·班克斯的名字命名，其种子是 1770 年"奋进号"到达植物湾后，班克斯成功从澳大利亚带回的少量活体植物材料之一。悉尼·帕金森在航行途中绘制了有关班克木的华丽图谱，但并未出版。而詹姆斯·爱德华·史密斯则于 1793 年出版了由詹姆斯·索尔比绘制的图谱《新荷兰的植物学标本》，展现"这个最近才频繁被提及的、深度有趣的国度"。索尔比基于新殖民地的总医师约翰·怀特的彩绘和"大量保存良好的干标本集"熟练地进行了绘制工作。

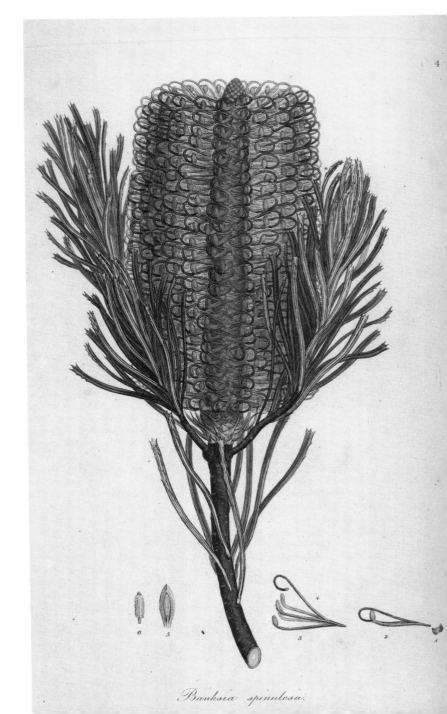

出自詹姆斯·爱德华·史密斯和詹姆斯·索尔比的《新荷兰的植物学标本》，伦敦，1793 年，图版 4。

木棉 *Bombax*

木棉与锦葵的亲属关系很近，是印度最高大的乔木之一。木棉属植物还包括可用于生产棉花的灌木状棉。木棉种子周围的大量白色丝质绒毛是木棉纤维的原料，这种纤维可用于填充从床垫到棉服的各类用品。木棉粗壮的树干具有多层储水组织，能产出柔软而轻质的木材，尤其适合用于制作独木舟。

威廉·罗克斯伯勒在植物学游历中，在山上发现了高达 30 米的木棉。他描述说，它在冬末落叶时开满"许多大而亮红的花朵"。

出自韦尔斯利的收藏《自然史绘画 13》（*Natural History Drawings 13*），图 62。

凤梨科 Bromeliaceae

凤梨科是人们从美洲热带雨林引入欧洲温室的最引人瞩目的植物，其奇妙的叶片结构可以吸收和储存水分，因而它们不靠根系来存活。一些凤梨科植物能结可食用的果实，比如菠萝，它被欧洲人描述成"新伊甸园的果实"。在欧洲人到达美洲之前，菠萝已在南美洲及加勒比地区广泛栽培。"在伦敦那些猎奇之人的收藏中茁壮生长的"这种凤梨如同其他奇花异草一样，被德国画师乔治·埃雷特绘制到作品中，并由藏书家克里斯托弗·雅各布·特鲁在纽伦堡出版。1738 年埃雷特在伦敦定居，并成功树立了他与植物学家们齐名的声誉，然而除了与特鲁之间长距离的、长久的合作外，他的绝大多数合作均以争执结束。

出自克里斯托弗·雅各布·特鲁和乔治·埃雷特的《精选植物》，纽伦堡，1750—1790 年，图 51。

仙人掌（仙人指）*Cactus*

仙人掌的形态并不让人着迷，但是却适合于在沙漠条件下储藏水分，以及用刺防御掠食者，然而对于一些人来说仙人掌的这种古怪的美是不可抗拒的。皇家收藏者奥兰治亲王威廉三世和妻子玛丽在罗宫的橘园中第一次栽培了仙人掌，并热情地将其分享给了他们的荷兰大议长加斯帕·法赫尔和威廉·本廷克。1689年后，这种奇特的植物被运进汉普顿宫的玻璃花房，由波特兰公爵本廷克管理。17世纪和18世纪在法国皇室支持下的植物图谱的绘制传统以《国王的羊皮卷》而闻名，这种传统一直持续到了法国大革命时期。年轻的皮埃尔－约瑟夫·雷杜德被偷偷带进巴士底狱为玛丽·安托瓦妮特绘制一种仙人指，后来在其职业生涯中他还为居住在吕埃－马尔迈松的约瑟芬皇后绘制了这种来自哥伦比亚的仙人指（译者注：仙人指是仙人掌的一类，如左图所示）。

出自艾梅·邦普朗和皮埃尔－约瑟夫·雷杜德的《马尔迈松和纳瓦拉栽培珍稀植物的描述》，巴黎，1813年，图3。

小凤花（洋金凤）*Caesalpinia*

洋金凤（*Caesalpinia pulcherrima*，后一个单词意指"最美丽的"）也称为天堂之花，或因其开花时的炫丽形态又被称为孔雀花。洋金凤所在的小凤花属是泛热带地区（整个热带地区均有分布）的，云实属植物种类多样，其用途从木材到医学，极为广泛。起初，中国人传播了洋金凤，17世纪的荷兰人在东、西印度群岛也传播了它，如在东印度群岛，彼得·德勒伊特绘制了它。玛丽亚·西比拉·梅里安在苏里南也发现了它，并写道："在荷兰人的甘蔗种植园中，女奴们相信洋金凤根部的一种提取物会导致流产"——这为洋金凤的传播归功于其观赏价值的假设蒙上了一层阴影。

出自彼得·德勒伊特的《安汶植物》（*Plants of Amboina*），1692年，图54。

荷包花（拖鞋花）*Calceolaria*

南美洲野生的荷包花每个花序只开一朵花，其下部的一个花瓣长成了口袋状，像一只迈进魔法世界的拖鞋——因此，它又被称为拖鞋花。这种花颜色为橙色或黄色，并带有斑点、条纹和茸毛，所有的这一切目的都在于引诱昆虫去授粉。在1765年，第一批英国人在马尔维纳斯群岛（英国称福克兰群岛）建立定居点后，红斑荷包花（*Calceolaria fothergillii*）于1777年从这里引种后被广泛种植在用作羊饲料的欧石南灌丛中，且为向约翰·福瑟吉尔博士表示敬意而用其姓氏命名了该植物，他是一位杰出的植物学家和慷慨的植物搜集考察资助者。

出自威廉·柯蒂斯的《柯蒂斯植物学杂志》，伦敦，1787—1801年，第9/10合卷，图348。

红千层（瓶刷树）*Callistemon*

红千层（*Callistemon*）是桃金娘科植物，起初被划分进了产自南非和太平洋地区的铁心木属。然而当从澳大利亚引进的种子长成开花灌木时，人们认为红千层应独立为一个属。其名称来源于希腊语 kalli（意指"美丽的"）和 stemon（因有大量雄蕊形成的非常美丽的红色茸毛——用于吸引鸟类传粉）。在吕埃-马尔迈松，艾梅·邦普朗培育了鲍丁船长于 1801—1802 年在澳大利亚考察时收集的种子。原本邦普朗是指派到考察队的植物学家，然而战争迫使考察队节流，他未能成行。邦普朗一向对澳大利亚的植物十分赞赏，他断定红千层能在法国南部的室外栽培，并盛赞了其花朵的鲜艳夺目。

出自艾梅·邦普朗和皮埃尔-约瑟夫·雷杜德的《马尔迈松和纳瓦拉栽培珍稀植物的描述》，巴黎，1813 年，图 34。

翠菊（中国紫菀）*Callistephus*

1728 年翠菊（又称中国紫菀）的种子首次在巴黎栽培成功。一个来历不明的故事这样讲道：一个种了粉色、白色和蓝色翠菊的花坛所带来的冲击力让研究植物的传教士皮埃尔·丁嘉维尔产生了去中国开始其职业生涯的念头，他是当时少有的受到中国宫廷欢迎的欧洲人之一。与此同时，在 18 世纪的花园中，翠菊是必不可少的。霍勒斯·沃波尔曾在到访巴黎时描述说，马歇尔·德比龙的花园步道被 9 000 盆翠菊环绕。在最极端的情况下，翠菊是季节性种植的；在夏末时节，它能够带给人们非常强烈的色彩冲击。

出自克里斯托弗·雅各布·特鲁和乔治·埃雷特的《精选植物》，纽伦堡，1750—1772 年，图 121。

夏蜡梅（美国蜡梅）*Calycanthus*

美国蜡梅于 1726 年由马克·凯茨比引种。"美国蜡梅的树皮非常香，有肉桂一样的芬芳。"他同时写道，"其坚硬的铜色花瓣会让空气充满菠萝的香味。"甚至在美国，美国蜡梅也不常见，这些树生长在卡罗来纳的偏远地区和山地，但其原生境如今已经不存在了。刚开始它在欧洲是稀有的——卡尔·林奈为了调查它奇怪的花而充满渴望地写道："想象一下，如果一个人能拥有它（那有多好啊）。"后来，在 18 世纪 50 年代，彼得·柯林森从查尔斯敦得到了一株鲜活的美国蜡梅，在那里，它被栽培用作花园灌木。这株美国蜡梅长得很好，在露天环境下每年开的花非常繁盛。

Garrulus Carolinensis.
The Chatterer.

Corni folijs &c.

出自马克·凯茨比的《弗吉尼亚、卡罗来纳、佛罗里达和巴哈马群岛的自然史》，伦敦，1754 年，第 1 卷，图 46。

山茶 *Camellia*

第一批到达欧洲的山茶灌木可能是没人想要的茶树，也许是不愿意出口茶叶的中国人故意替换的品种。然而，如果不是为了赚钱，山茶开花时，比茶树更可爱。1712 年，德国植物学家恩格尔贝特·肯普弗访问日本时称它为日本蔷薇。当 1740 年彼得勋爵的山茶在桑顿开花时，这些植物优雅亮丽的外表被人们所赞赏。1792 年，东印度公司的约翰·斯莱特进口了一些带条纹和复瓣的山茶，这些花被《柯蒂斯植物学杂志》描述为"温室中能想象到的最适合的植物"（它们太昂贵以至于在室外会有丢失的风险）。

右图：出自威廉·柯蒂斯的《柯蒂斯植物学杂志》，伦敦，1787—1801 年，第 1/2 合卷，图 42。

对页图：出自尼古劳斯·约瑟夫·雅坎的《珍稀植物图鉴》，维也纳，1781—1793 年，第 3 卷，图 553。

凌霄（美国凌霄）*Campsis*

美国凌霄引起了北美弗吉尼亚早期定居者的注意，1640年约翰·帕金森描述了它，但当时它尚未开花。马克·凯茨比造访了它的原生境，给出了一个鸟类授粉的完美观察实例："如大黄蜂大小的卡罗来纳蜂鸟飞到花朵旁，将其喙伸进花朵去吸蜜，它们通常会在这些它们赖以生存的花朵间漫游，有时会因为身体向花朵内探得太深而被困住。"1726年，凯茨比带着凌霄的种子回到英国，很快就普及了这种植物。彼得·柯林森使这种植物在他的温室外墙上开满了橙色的花。

出自马克·凯茨比的《弗吉尼亚、卡罗来纳、佛罗里达和巴哈马群岛的自然史》，伦敦，1754年，第1卷，图65。

莺风铃（加那利风铃草）*Canarina*

最美丽的桔梗科植物是从加那利群岛引种的，那里是植物猎人们乘船驶往非洲和更远的地方时经过的一个小天堂。1696年莺风铃出现在了汉普顿宫的种植清单上，同时也成为博福特公爵夫人玛丽的收藏品。她根据汉斯·斯隆的建议，精心地培育了莺风铃，使其比汉普顿宫或其他任何地方的植株长得还好。玛丽定期从皇家园丁乔治·伦敦那里获得植物和建议，并将女王的植物学家伦纳德·普拉肯内特的言论作为植物鉴定的权威。她还保留着记录植物种子、活体、提供者（包括船长们）的系统性的清单，并参考其他人的搜集品，尤其密切地关注扬·科默兰对阿姆斯特丹花园的描述。

出自威廉·柯蒂斯的《柯蒂斯植物学杂志》，伦敦，1787—1801年，第1卷，图444。

美人蕉（印度美人蕉）*Canna*

Canna Indica rubra.

在《艾希施泰特园艺词典》中，高贵的红花美人蕉被称为印度美人蕉，此名来源于从西印度群岛获得的具有圆形外观的黑种子。18 世纪 40 年代，当卡尔·林奈在乌普萨拉大学研究植物时，因美人蕉的雌雄器官数量与其他植物不一样，它就具有了独特的重要性。林奈新的性分类系统通过计算花朵雌雄器官的数量对植物进行分类，他既没有尝试去安抚其他那些更倾向于以前的系统的人，也没有去安抚那些认为他所强调的杂性花十分具有冒犯性的人。至少美人蕉只有一个雄蕊和一个雌蕊，因此被认为是两性花。

出自巴西利乌斯·贝斯莱尔的《艾希施泰特园艺词典》，阿尔特多夫，1613 年。

紫荆（犹大之树）*Cercis*

　　"犹大之树"是一个象征不幸的英语译名，因其伴随着一个神话故事：犹大在背叛耶稣后把自己吊在了该树上。这其实是对拉丁文 ***Arbor Judae*** 的错误理解，其本意是指生长在犹太山地（耶路撒冷附近）的。来自美洲的类似植物加拿大紫荆（*Cercis canadensis*）也以"犹大之树"的名字而闻名，且首次被伦敦主教亨利·康普顿栽培在富勒姆宫的花园中，居住在切尔西附近的博福特公爵夫人玛丽也栽培了这种植物。在园林或花园的绿色景观中，加拿大紫荆明亮的花色使其成为一种特别受人喜爱的植物。1786 年春天，在从罗马去那不勒斯旅行的途中，约翰·西布索普和费迪南德·鲍尔欣喜地去察看该植物的原生境："作为油橄榄树林和玉米地屏风植物的紫荆现在开了发紫的花。"

Cercis Siliquastrum.

出自约翰·西布索普和费迪南德·鲍尔的《希腊植物志》，伦敦，1806—1840 年，第 4 卷，图 367。

蜜蜡花（蜂蜜草）*Cerinthe*

快到16世纪时，约翰·杰勒德在其伦敦的花园中栽培了蜜蜡花。尽管它很具装饰性，很招蜜蜂喜爱，以至于被称为蜂蜜草和蜡花，但它却从未成为人们熟悉的花园植物。

现在蜜蜡花的紫花变种更有名，其弯曲的茎上，花蕾在开放时颜色在蓝色与红色间变化，使其成为紫草科中一种不寻常的植物。在地中海国家，蜜蜡花的乳白色花与黄色花的变种更常见，这为约翰·西布索普和费迪南德·鲍尔的《希腊植物志》提供了图版素材。

上图：出自威廉·柯蒂斯的《柯蒂斯植物学杂志》，伦敦，1787—1801年，第9/10合卷，图333。

右图：出自约翰·西布索普和费迪南德·鲍尔的《希腊植物志》，伦敦，1806—1840年，第2卷，图170。

Cerinthe aspera.

蜡梅（冬香）*Chimonanthus*

伍斯特郡克鲁姆宫的考文垂伯爵委任"能人"布朗把其花园改变成园林。18世纪60年代，罗伯特·亚当设计了一系列装饰性建筑和一个橘园，因为考文垂伯爵是一个植物爱好者，他需要别具风格地展示自己所收藏的奇花异草。1766年伯爵从中国获得并首次栽培了蜡梅（*Chimonanthus praecox*）。蜡梅与夏蜡梅近缘，因其芳香的气味在1月的冷空气中飘荡而被恰当地称为"冬香"。蜡梅被证明是耐寒的。18世纪末当其被绘制在《柯蒂斯植物学杂志》中时，考文垂伯爵已经给一些伦敦的苗圃提供了美国蜡梅的繁殖材料。

出自威廉·柯蒂斯的《柯蒂斯植物学杂志》，伦敦，1787—1801年，第13/14合卷，图466。

菊 *Chrysanthemum*

菊花最初是黄色的，经过中国和日本两千年来的栽培，如今菊花具有了形状和大小各异的花朵，并成为地位极高的花卉。17世纪80年代，第一株野生菊花被引入荷兰时并不引人瞩目，但一个世纪后中国广东的苗圃开始向在贸易行工作的商人开放，提供了如中国壁纸上或中国花鸟画册中那样雍容典雅的菊花栽培品种。到1790年，菊花的引种出现在法国和英国的记载中，菊花起初由切尔西的苗圃主科尔维尔进行繁殖销售。

出自《自然史绘画43：广东画册》（*Natural History Drawings 43: Canton Album*），图104。

铁线莲 *Clematis*

南欧铁线莲（*Clematis viticella*）是欧洲最早引种栽培的铁线莲，是 16 世纪花园凉亭的典型装饰物。约翰·西布索普前往地中海考察南欧铁线莲的原生境时发现了不同深浅的红色和紫色的花，还有重瓣类型的花。1786 年，在去伊斯坦布尔的路上，西布索普爬上了奥林匹斯山并发现了费迪南德·鲍尔绘制的铁线莲。很多铁线莲物种是在美洲和亚洲发现的，但南欧铁线莲仍然具有其独特的重要性，因为它可作为新杂交种的亲本材料，也可以用作砧木去嫁接长势不强的杂交后代。

出自约翰·西布索普和费迪南德·鲍尔的《希腊植物志》，伦敦，1806—1840 年，第 6 卷，图 516。

山茱萸（大花四照花）*Cornus*

Turdus minor &c.
The Mock-bird.

　　大花四照花（*Cornus florida*）是山茱萸属植物，因其一小簇真正花朵外围的大苞片而著称，又称北美四照花。虽然它最典型的苞片是绿白色的，但马克·凯茨比绘制了粉色的类型，并解释道："在北美的弗吉尼亚，我发现了一株玫红色的大花四照花，很幸运，树被吹倒了，许多枝条基部长出了根，我把它们移栽进了一个花园。"随后，粉花变异植株在英国很容易就开了花。1761 年 5 月，当彼得·柯林森收到来自恩菲尔德的热切邀请，让他去与那里的语法学校校长罗伯特·尤维戴尔博士共进晚餐并欣赏大花四照花的时候，这种植物被第一次记载。

出自马克·凯茨比的《弗吉尼亚、卡罗来纳、佛罗里达和巴哈马群岛的自然史》，伦敦，1754 年，第 1 卷，图 27。

文殊兰 *Crinum*

产自亚洲热带地区的文殊兰被引入欧洲的时间比其近亲——南非的孤挺花要晚。威廉·罗克斯伯勒从印度加尔各答把来自东印度群岛的亚洲文殊兰（*Crinum asiaticum*）寄给了约瑟夫·班克斯及其朋友查尔斯·格雷维尔，与此同时在印度的托马斯·哈德威克绘制了文殊兰的图。1777 年东印度公司军队的士兵、22 岁的哈德威克到达印度，并在其军旅生涯中频繁游历。当其军衔升至少将时，他已收集了很多动物标本和印度画师的绘画，并于 1823 年回国时在兰贝斯展示。像之前的特雷德斯坎特家族的人那样，他也成了有影响力的英国皇家学会和其他科学学会的会员。

出自托马斯·哈德威克的《印度花卉绘画集》
（*Collection of Indian Flower Paintings*），图 34。

姜黄 *Curcuma*

姜科中的一些植物是东方最重要的香料，如姜（即该科名字的由来）和姜黄、小豆蔻和豆蔻（的种子）。这些植物均为咖喱、腌菜和酸辣酱提供了至关重要的风味，也是当地重要的染料、医药和宗教仪式用品的来源。在印度，威廉·罗克斯伯勒注意到"姜黄根粉在印度教节日时被大量抛撒"，且"这些物种都有不寻常的美"。而关于小豆蔻，罗克斯伯勒写道："这种植物一年让政府获利多达 3 万卢比。"但当他调查其种植园时，却被简单地告之，小豆蔻在任何树被砍倒的地方均能快速生长。

出自威廉·罗克斯伯勒的《科罗曼德尔海岸的植物》，伦敦，1795—1819 年，第 3 卷，图 201。

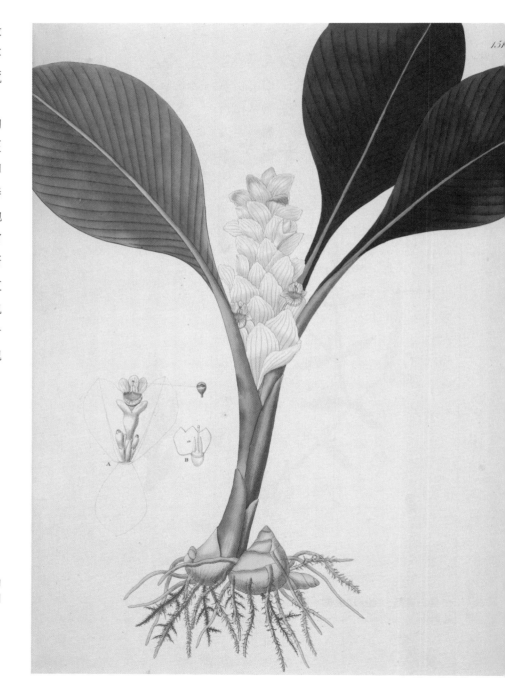

国兰 *Cymbidium*

孔子认为兰是最芳香的植物。许多中国古代诗人描写过当女子跳舞时，带着兰花香的青铜香炉让空气中弥漫着香味。而另一个中国故事是这样说的：当一株白色的兰放在皇帝一位不孕的嫔妃屋子里时，她奇迹般怀孕了。这暗指其香气具有不寻常的催情效果。因兰花生长在树洞里，卡尔·林奈将它命名为树兰。可能他是从他在中国广东当传教士的学生、植物学家佩尔·奥斯贝克那里获得了一株兰花。但直到 1789 年邱园才从康拉德·罗迪吉斯在哈克尼专门栽培热带兰花的苗圃里获得了一株兰花。

出自《自然史绘画 43：广东画册》，图 108。

杓兰 *Cypripedium*

杓兰在北美洲首次被发现有种植时，已经有了一个名字——拖鞋兰，这源自"仙女的拖鞋"，因为欧洲很少有兰具有这样的袋状唇瓣。这样的袋状外观是为了让昆虫进入其中寻找花蜜，并在此过程中不经意地授粉给花朵。杓兰的拉丁文意指塞浦路斯人的鞋子，其暗指拖鞋属于维纳斯（Venus，她诞生于塞浦路斯的浪潮之中）。根据马克·凯茨比的描述，这些黄色的杓兰具有扭曲的侧萼片，生长在北美"卡罗来纳、弗吉尼亚和宾夕法尼亚的沙质河堤上"。菲利普·米勒则把它们列入他1731年的《园丁词典》附录中，而当时杓兰仅仅刚被引种。

出自马克·凯茨比的《弗吉尼亚、卡罗来纳、佛罗里达和巴哈马群岛的自然史》，伦敦，1754年，第2卷，图73。

曼陀罗（刺苹果、天使的号角）*Datura*

在欧洲有名的曼陀罗及其近缘种（比如一些大如树般的木曼陀罗）主要来自美洲，当地的印第安人对其可引起幻觉的特性心怀敬畏。曼陀罗属植物在亚洲也有分布，包括印度尼西亚，在那儿彼得·德勒伊特为盲人植物学家乔治·埃伯哈德·朗夫毕生的巨著《安汶标本集》绘制了曼陀罗。由阿拉伯医生传播出去的曼陀罗，其名称源自梵文。曼陀罗（*Datura stramonium*）是第一个引种到欧洲的种，也叫刺苹果。现在曼陀罗在美洲是常见的杂草，被称为曼陀罗叶或紫曼陀罗；它的种子是随着作为压舱物的泥土带到美洲的，而不是本地原生的。

出自彼得·德勒伊特的《安汶植物》，1692 年，图 10。

石竹（香石竹）*Dianthus*

1787 年《柯蒂斯植物学杂志》上最有特色的植物是一个新的石竹品种，叫"富兰克林的酒石"，但同时该杂志遗憾地指出，如此高度进化的变异种是不易存活的，并提到了野生石竹生长在罗切斯特城堡的墙上。其间，为《希腊植物志》搜集植物的约翰·西布索普再次发现了野生地中海石竹，一开始它被希腊本草学家们命名为 *Dianthus*——意指众神之花。1716 年托马斯·费尔柴尔德在其位于霍克斯顿的苗圃进行试验，用重瓣的石竹与须苞石竹杂交，得到了开一簇重瓣小花的"费尔柴尔德杂交种"。因此，英国皇家学会邀请费尔柴尔德发表一篇关于他获得上述成功的文章。然而，由于害怕损害神的秩序，他选择通过年度布道的形式在城市教堂里宣讲上帝创造的奇迹。

左图：出自威廉·柯蒂斯的《柯蒂斯植物学杂志》，伦敦，1787—1801 年，第 1/2 合卷，图 39。

对页图：出自约翰·西布索普和费迪南德·鲍尔的《希腊植物志》，伦敦，1806—1840 年，第 4 卷，图 395。

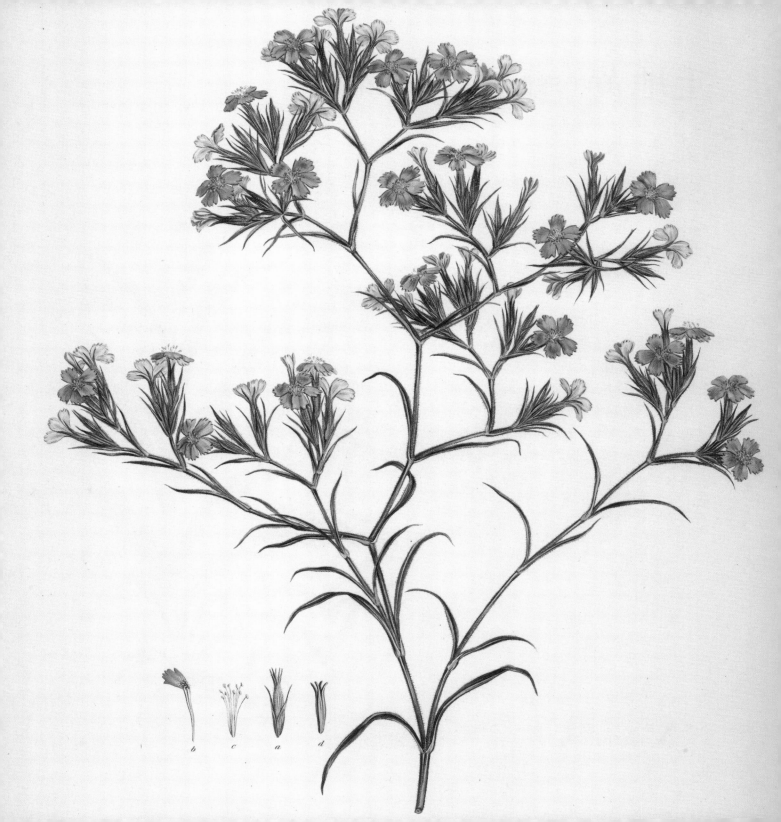

毛地黄（洋地黄）*Digitalis*

　　人们对待紫色的毛地黄有一种迷信般的谨慎，直至 1785 年伯明翰的威廉·维特宁出版《毛地黄释疑》（*The Account of the Foxglove*），并在书中研究了毛地黄苷是如何刺激肾和（更重要地）调节心率的。与此同时，毛地黄属其他更吸引眼球的种类被发现。博福特公爵夫人可能通过阿姆斯特丹的扬·科默兰于 1698 年从加那利群岛首次获得了非洲洋地黄（*Digitalis canariensis*）的种子。1772 年在库克船长的第二次"奋进号"航行时，弗朗西斯·马森在加那利群岛搜集到毛地黄的种子，使得它再次被引种。1786 年锈红色的锈点毛地黄（*D. ferruginea*）被约翰·西布索普和费迪南德·鲍尔在帕尔纳索斯山的山坡上发现。

出自约翰·西布索普和费迪南德·鲍尔的《希腊植物志》，伦敦，1806—1840 年，第 7 卷，图 606。

五桠果 *Dillenia*

五桠果是一种印度－马来西亚区系植物，它以繁盛且令人赏心悦目的花朵而引人瞩目。它于1692年首次出现在《安汶标本集》中，而100年后的《柯蒂斯植物学杂志》描述其"在邱园和附近小镇令人难以置信的炉子旁生长了多年"。五桠果（*Dillenia*）以牛津大学首位植物学教授约翰·雅各布·蒂伦尼乌斯（Johann Jacob Dillenius）的姓氏命名，他是卡尔·林奈不得不与之争论以建立自己的分类系统的那些人中的一个。当1736年林奈第一次拜访蒂伦尼乌斯时，后者将林奈形容为"让植物学陷入混乱的人"。而在1753年当林奈的《植物种志》建立命名植物的双名法时，蒂伦尼乌斯像很多人一样，感觉林奈在推翻当时的命名法这件事上太过火了。

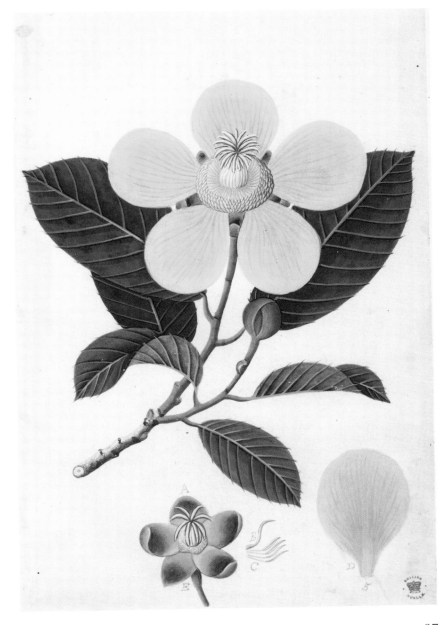

出自彼得·德勒伊特的《安汶植物》，1692年，图83。

流星报春（十二神之花、北美报春花）*Dodecatheon*

流星报春介于报春花和仙客来之间，它们之间均有亲缘关系，卡尔·林奈赋予了流星报春一个经典的名字——十二神之花。美洲殖民地的牧师约翰·巴尼斯特把流星报春的种子寄给了亨利·康普顿主教，将自己对植物的狂热之情传达给后者。巴尼斯特在美洲的植物学发现之旅从 1678 年开始，至 1692 年他在搜集植物期间去世而结束，而其引种的流星报春也在 1713 年因新的伦敦主教无法培育富勒姆宫搜集的植物而死光了。1745 年约翰·巴特拉姆把流星报春的种子寄给彼得·柯林森，流星报春从而被重新引种，且很快就能在苗圃中买到了。

Tab. XII.

MEADIA *foliis oblongis ferratis, floribus reflexis purpureis.*

出自克里斯托弗·雅各布·特鲁和乔治·埃雷特的《精选植物》，纽伦堡，1750—1790 年，图 12。

凤眼莲（水葫芦）*Eichhornia*

这种原产热带美洲的植物可能是作为观赏植物被引种到亚洲的。因为其大量的绿色物质能形成水上的蔬菜农场（译者注：漂浮在水面的嫩叶和叶柄可作蔬菜），而不像炎热地区那样生长会受灌溉问题所限。博物学家托马斯·哈德威克在《印度花卉绘画集》的附注中写道："加尔各答附近的沟渠中到处生长着凤眼莲。"他雇用的印度画师极力展现了它的美。引种凤眼莲显然是一种错误，因为它变成入侵性杂草堵塞了热带航道。它通过营养芽而非种子的方式迅速传播，它的两个母株在数月内就能产生超过1 000个后代。

出自托马斯·哈德威克的《印度花卉绘画集》，图13。

欧石南 *Erica*

弗朗西斯·鲍尔像他更喜欢冒险的弟弟费迪南德·鲍尔一样，也是通过为维也纳的尼古劳斯·约瑟夫·雅坎工作而开始其职业植物学画师生涯的。但他 1788 年去伦敦参观时被约瑟夫·班克斯聘为邱园的常驻植物学画师。弗朗西斯在那里默默工作了 50 年，但他出版的整页插图很少，他大量的作品收录在《皇家植物园邱园栽培的奇花异草描绘集》（*Delineations of the Exotic Plants Cultivated in the Royal Botanic Garden at Kew*）中，仅包括 30 种来自南非的欧石南。弗朗西斯所绘的图谱中，十分微小的细节也能被看见，所以让人无法超越。在当时欧石南极为流行，它从开普地区的弗朗西斯·马森那里而来，并由哈默史密斯（英国国会选区）的詹姆斯·李的苗圃传播出去。

上图、右图和对页图：均出自弗朗西斯·鲍尔的《皇家植物园邱园栽培的不寻常植物描绘集》，伦敦，1796 年，从左至右分别为图 24、图 20 和图 10。

Erica Mafseni

刺桐 *Erythrina*

欧洲的植物猎人们在美洲和亚洲都曾与刺桐令人惊艳的花不期而遇。马克·凯茨比、玛丽亚·西比拉·梅里安和彼得·德勒伊特都绘制了引人瞩目的画作，但没有一个人的工作比得上印度加尔各答的无名画师，他于 1797—1805 年为印度总督韦尔斯利侯爵创作自然史绘画。刺桐的花适合由鸟类授粉，有时还能产出许多花蜜。这种树主要用作观赏和庭荫树，而且其花还可食用，树胶可作染料，种子可制作成漂亮的手串。

出自韦尔斯利的收藏《自然史绘画 19》，图 45。

桉树（尤加利树）*Eucalyptus*

澳大利亚的桉树有超过 400 个种，各个种大小和形状各不相同，如大叶桉、伞房花桉、大花桉、辐射桉、纤皮桉和铁皮桉，但这些桉树都显著区别于其他乔木，从而赋予园林一种独特的景观。桉树皮具有不可思议的质地和各种颜色，其绒状的花具有一种奇特的美，而其标志性的特征就是有一个盖着花蕾的"帽子"直到花朵可以受精时才脱落。因此桉树名字中"eucalypt"的意思就是"覆盖"。桉（*Eucalyptus robusta*，也叫大叶桉）是第一种列入《邱园园艺词典》（*Hortus Kewensis*，记载引种到英国邱园的植物信息）的桉树，而詹姆斯·爱德华·史密斯称其为新荷兰桃花心木。桉树被证明是重要的速生用材树，并被大量移植，尤其是被移植到北美加利福尼亚、葡萄牙和东非等地区。

Eucalyptus robusta.

出自詹姆斯·爱德华·史密斯和詹姆斯·索尔比的《新荷兰的植物学标本》，伦敦，1793 年，图版 13。

凤梨百合（菠萝花）*Eucomis*

Eucomis Punctata.   Eucomis ponetuée.

凤梨百合于18世纪早期引种自南非，卡尔·林奈赋予它一个源自希腊语的名字，意为"美丽的花序"。最具观赏性的种是1760年引种的秋凤梨百合（*Eucomis autumnalis*），1790年普通的凤梨百合（*E. comosa*）由弗朗西斯·马森寄至邱园。虽然它们属于百合类，但其常用的名字却是菠萝花，因其蜡质花序顶端有一簇叶状苞片。此外观赋予了凤梨百合额外的标识。在那个时代，菠萝被认为是最有档次的水果，用来装饰富人家的桌子。菠萝也激发了表示热情和友好的建筑尖顶装饰的大量出现。

出自皮埃尔－约瑟夫·雷杜德的《百合》，巴黎，1802—1816年，第4卷，图208。

大戟 *Euphorbia*

最美的大戟属植物都来自温带，包括具有红色苞片的一品红（*Euphorbia pulcherrima*，来自墨西哥），以及来自非洲的类似于美洲仙人掌的带刺多肉植物。欧洲人只熟悉绿花的大戟，其茎段含的白色汁液在草药中有重要作用，因为任何能安神、令人愉悦的东西都被认为是有效的。在《希腊植物志》中，收录了许多费迪南德·鲍尔绘制的大戟：从生长在可俯视地中海景色的岩石坡上的大如树的木本大戟（*E. dendroides*）到低矮的铁仔大戟（*E. myrsinites*）。大戟的花包括几轮绿色的苞片，每个苞片又有几朵小雄花围绕在一朵中央呈圆形的雌花周围，4个角状的腺体包在其中，宛若一个镶嵌着珠宝的胸针。

上图：出自约翰·西布索普和费迪南德·鲍尔的《希腊植物志》，伦敦，1806—1840年，第5卷，图471。

右图：出自尼古劳斯·约瑟夫·雅坎的《珍稀植物图鉴》，维也纳，1781—1793年，第3卷，图484。

Euphorbia punicea
Jacq. Coll. vol. 3.

贝母（皇冠贝母、蛇头贝母）*Fritillaria*

皇冠贝母（*Fritillaria imperialis*，见本书第 19 页）是 17 世纪引入欧洲花园中的最华丽的贝母，而 1608 年出版的《国王的羊皮卷》中的图版证明其他贝母在当时也有栽培，包括产自西班牙的开紫花和褐花的比利牛斯贝母（*F. pyrenaica*），以及土耳其的开黄花的阔叶贝母（*F. latifolia*）。阿尔泰贝母（*F. meleagris*）原产于北欧。静物画常常会描绘一个关于生死的不祥寓言，即贝母有方格花纹的紫色花朵垂在华丽的郁金香下。它的俗名包括死亡之钟、守护病人的之钟和豹斑（leopard，该词源自 leper，意指"唯恐避之不及的"）百合。由于偶然的机会——如果不是命运的安排，贝母的英文名用了 fritillary 这个词，因为人们把贝母花的形状比作骰子盒（在拉丁文中叫 fritillus）。

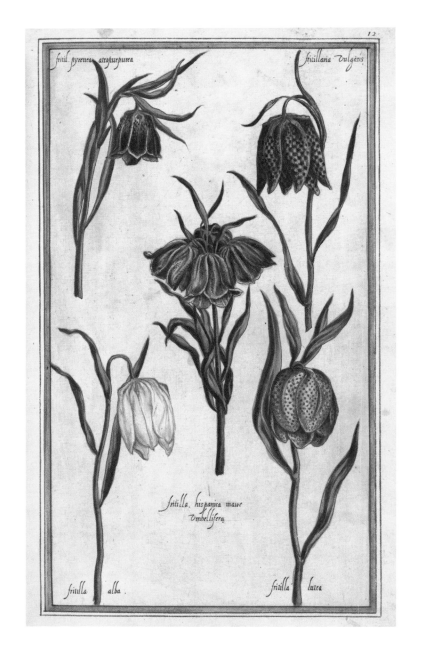

出自皮埃尔·瓦莱的《国王的羊皮卷》，巴黎，1623 年，图 12。

倒挂金钟 *Fuchsia*

第一株倒挂金钟是法国神父查尔斯·普鲁密尔在圣多明各发现的，他关于美洲植物的开创性研究著作于 1703 年出版。1719 年，另一个法国传教士在巴西发现了猩红倒挂金钟（*Fuchsia coccinea*）后，又在智利发现了倒挂金钟现代品种的主要亲本，即短筒倒挂金钟（*F. magellanica*）。在 18 世纪 90 年代，哈默史密斯的苗圃主詹姆斯·李采用扦插方法使倒挂金钟的繁殖获得了成功，他声称自己已在沃平一个水手家的窗台上发现了最好的单株。社会各界蜂拥至李的苗圃。《柯蒂斯植物学杂志》证实了倒挂金钟的流行，并写道："下垂的花朵整个夏季都在开放，内轮的花瓣类似一小卷浓艳的紫色绶带。"

出自威廉·柯蒂斯的《柯蒂斯植物学杂志》，伦敦，1787—1801 年，第 3/4 合卷，图 97。

栀子 *Gardenia*

荷兰植物学家在东印度群岛发现了一种大型香花——栀子花，在为其命名之前人们展开了一场激烈的争论。当1754年这种花被引入英国时，菲利普·米勒把它鉴定为一种素馨。而他的老对手约翰·埃利斯很肯定这是一个新的属，并写信建议卡尔·林奈以卡罗来纳的医生亚历山大·加登的名字为其命名，后者是埃利斯主要的植物学联系人之一，但林奈拒绝了。与此同时，迈尔安德苗圃的詹姆斯·戈登繁殖了这种值得拥有的新植物，获得了巨额利润。当林奈得到属于自己的价值6几尼的植株时，同时还收到了一封支持将这种花命名为栀子（*Gardenia*）的信，他退让一步同意了这一命名。

出自彼得·德勒伊特的《安汶植物》，1692年，图27。

唐菖蒲 *Gladiolus*

　　因为其剑形的叶片，欧洲野生的粉花唐菖蒲第一次有了属名。1620 年，老约翰·特雷德斯坎特加入一场对抗北非柏柏里海盗的远征，其间，他很兴奋地发现了非常棒的"君士坦丁堡的水仙菖蒲"——花朵为柔和洋红色的土耳其唐菖蒲（*Gladiolus byzantinus*，也叫普通唐菖蒲）。但南非唐菖蒲的声誉超过了土耳其唐菖蒲并成为花园杂交种唐菖蒲的亲本。1660 年托马斯·汉默在其《花园手册》（*Garden Book*）中描写了一个产自开普地区的罕见种，具有"浅红色到猩红色的花"。1745 年菲利普·米勒在切尔西药用植物园种了带有甜香味的灰白唐菖蒲（*G. tristis*），此后哈默史密斯的詹姆斯·李等苗圃主会寻找新种来吸引顾客。而最好的收藏品之一被保存在维也纳美泉宫的花园中，在那里有超过 40 种唐菖蒲被描绘记录在尼古劳斯·约瑟夫·雅坎的《珍稀植物图鉴》中。

出自尼古劳斯·约瑟夫·雅坎的《珍稀植物图鉴》，维也纳，1781—1793 年，第 2 卷，图 244。

Gladioli tristis varietas.
Jacq. Coll. vol. 5.

海罂粟（角罂粟）*Glaucium*

约翰·西布索普在希腊诸岛（特别是罗得岛）和土耳其游历期间发现的海罂粟被称作角罂粟，因其不像大多数罂粟那样具有带盖的蒴果，而是在长的角状果荚里结出种子。海罂粟的近似种黄花海罂粟（*Glaucium flavum*）具有柔软的花瓣，长在北欧的鹅卵石和沙丘上，在英国它被称为消肿根或下蹲草，因为古董专家和作家约翰·奥布里说"它对消肿具有良好效果"。东方的海罂粟呈现出具有拜占庭风格的柔和猩红色、紫色和橙色，它们作为一个独立的种被称为红花海罂粟（*G. phoeniceum*）。

出自约翰·西布索普和费迪南德·鲍尔的《希腊植物志》，伦敦，1806—1840年，第5卷，图489。

嘉兰（火焰百合）*Gloriosa*

这种来自亚洲热带地区的攀援型百合被引到扬·科默兰在阿姆斯特丹的药用植物园后，被命名为华丽锡兰百合（*Lilium zeylanicum superbum*），意指"来自锡兰"（即现在的斯里兰卡）。作为一种新的稀罕物，嘉兰也进入了奥兰治亲王威廉三世及其妻子玛丽的汉普顿宫，在装饰华丽的盆中艰难地生长。卡尔·林奈使用表示赞赏的拉丁文 gloriosa 为其命名，但在它美丽的外表下还有黑暗的一面，因为它有剧毒的根常被人们用作毒药。1796 年，在印度军队当上尉的托马斯·哈德威克拥有了描绘嘉兰在热带原生境中繁茂开花状态的插画。最后，哈德威克把共计 4 500 幅的自然史绘画作品捐赠给了国家。

出自托马斯·哈德威克的《印度花卉绘画集》，图 41。

棉花 *Gossypium*

Gossypium herbaceum.

威廉·罗克斯伯勒把科学兴趣的重心放在印度的棉花上，当时棉花的进一步开发已经成熟，尤其是"用于生产精致美丽的平纹细布用的优质棉花"。平纹细布在 18 世纪 80 年代的欧洲是最流行的布料。罗克斯伯勒相信，与其说当地棉布在质量上的改善归功于印度人声称其所发明的纺纱技术，倒不如说取决于土壤条件和栽培方式。为罗克斯伯勒工作的当地画师绘制了不同棉花品种的特征，包括陆地棉、新引种的中国棉和最广泛栽培的达卡棉（如左图所示）。达卡棉的整个植株包括其花心呈淡红色，因而区别于其他品种，它的花朵还可用于提取一种黄色染料。

出自威廉·罗克斯伯勒的《科罗曼德尔海岸的植物》，伦敦，1795—1819 年，第 3 卷，图 269。

银桦 *Grevillea*

Embothrium sericeum.

银桦是约瑟夫·班克斯新发现的澳大利亚植物中最具观赏性的一类植物，班克斯为纪念他的朋友查尔斯·格雷维尔而将其命名为 *Grevillea*。格雷维尔是沃里克伯爵的儿子，也是那不勒斯大使威廉·汉密尔顿爵士的侄子。根据著名植物学家詹姆斯·爱德华·史密斯所述，格雷维尔在帕丁顿格林附近的花园中栽培的来自各种气候带的最稀有和最奇怪的植物获得了异常的成功。格雷维尔是英国皇家学会会员和英国皇家园艺学会的创建者，但他作为矿物收藏者的声名比植物收藏者的声名更盛，他还将其地质收藏捐赠给了国家。

出自詹姆斯·爱德华·史密斯和詹姆斯·索尔比的《新荷兰的植物学标本》，伦敦，1793 年，图版 9。

虎耳兰（血红百合）*Haemanthus*

产自开普地区的虎耳兰是一类"难懂"的石蒜科植物，这种花卉于 17 世纪早期在巴黎首次由亨利四世的皇家园丁让·罗宾栽培。罗宾称这种花卉为几内亚鸟足兰（*Satyrium guinea*），这是一个在那个时期容易造成混淆的名字。鸟足兰通常是一个适用于兰科和天南星科植物的名称，人们相信它们的根可以催情，而地理学名词"几内亚"则常常表示西非。1694 年在《植物学原理》中，路易十四世时期的法国皇家植物园植物学教授约瑟夫·皮顿·德图内福尔基于这种植物血红色的花，将其命名为血红百合。

左图：出自皮埃尔－约瑟夫·雷杜德的《百合》，巴黎，1802—1816 年，图 39。

对页图：出自克里斯托弗·雅各布·特鲁和乔治·埃雷特的《精选植物》，纽伦堡，1750—1790 年，图 44。

Tab. XLIV

金缕梅（女巫榛子）*Hamamelis*

第一种从北美洲引入欧洲的金缕梅是弗吉尼亚金缕梅（*Hamamelis virginiana*），但后来它被更引人瞩目的东方种类所取代，尤其是中国的金缕梅（*H. mollis*）。马克·凯茨比在卡罗来纳发现的弗吉尼亚金缕梅长得像开淡黄花的榛子树，他于1743年从寄给他的一份卡罗来纳的泥土中获得了一棵小树苗。弗吉尼亚金缕梅在圣诞节期间盛开且每年都开花。凯茨比的弗吉尼亚金缕梅插画后来被收录在一本图册中得以出版，这本册子包含85种能适应英国土壤和气候的北美奇特树木。北美洲的居民认为这种植物有治疗烧伤、擦伤和炎症的功效，它从而获得了"女巫榛子"的名字，且成了一种普通的家庭用药。

出自马克·凯茨比的《欧美园艺词典》，伦敦，1767年，图57。

姜花（姜百合）*Hedychium*

姜科的亚洲种类最重要的价值便是作为香料，它们是美丽且具浓香的花卉。印度尼西亚地区的姜花尽管与姜、姜黄和小豆蔻同属于姜科，但不适合用于烹饪，其根状茎在香料店里也被别的香料所取代。在欧洲，这种不寻常的花首次出现在托马斯·哈德威克在东印度公司军队任职期间搜集的印度画师的自然史绘画中。哈德威克还发现了一些鸟类、鱼类、爬行类和蝙蝠类新物种，虽然没有植物以其姓氏命名，但他是约瑟夫·班克斯的一个热心的联络员，也是深受植物学界信赖的狂热业余爱好者的光辉榜样。

出自托马斯·哈德威克的《印度花卉绘画集》，图53。

蝎尾蕉 *Heliconia*

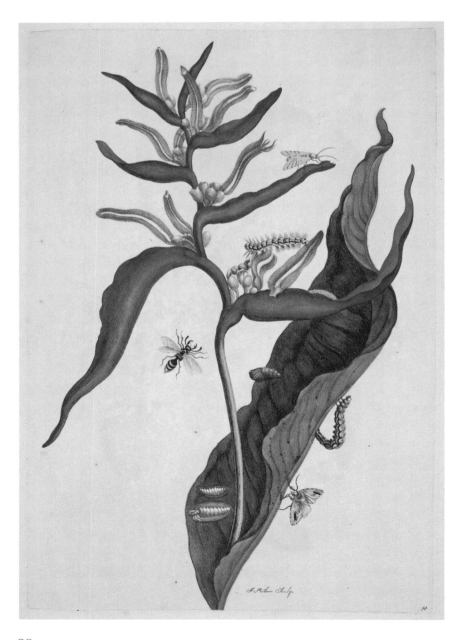

蝎尾蕉原产自美洲热带地区，与香蕉和姜的亲缘关系较近，但比它们的花期要长得多。玛丽亚·西比拉·梅里安住在苏里南的荷兰殖民地时，偶然看见了蝎尾蕉，当时她正在那里游历以研究昆虫的变态及其与植物的关系。她同时在科学圈和艺术圈活动，当时两个圈子正流行收藏来自温暖地区的自然产物。她下定决心通过热带环境下的活体标本去研究昆虫及其与植物的关系，并于1699年前往苏里南。梅里安属于一个宗教团体，该团体在苏里南拥有一个种植园，她可以在那里生活、研究和绘画。

出自玛丽亚·西比拉·梅里安的《苏里南昆虫变态图谱》，阿姆斯特丹，1705年，图54。

铁筷子（圣诞玫瑰、灯笼玫瑰）*Helleborus*

铁筷子属植物具有剧毒，但因具有镇静止痛的功效，其在传统医学中，在危险时刻具有重要的作用。在欧洲，人们采用的是绿花的铁筷子；在地中海东部国家，人们则更多地采用暗叶铁筷子（*Helleborus niger*）和东方铁筷子（*H. orientalis*）。所有铁筷子均具有黑色的根（用于医药的部分），但当与纯白色花的暗叶铁筷子（又叫圣诞玫瑰）相比时这个特征并不是最显著的。古希腊本草学家所说的黑色的铁筷子很可能是被收录在约翰·西布索普和费迪南德·鲍尔的《希腊植物志》中的东方铁筷子（又叫灯笼玫瑰）。这两种最具装饰性的铁筷子不常被栽培，在18世纪30年代，"很难见到它们，除非在霍克斯顿的托马斯·费尔柴尔德先生那里"。

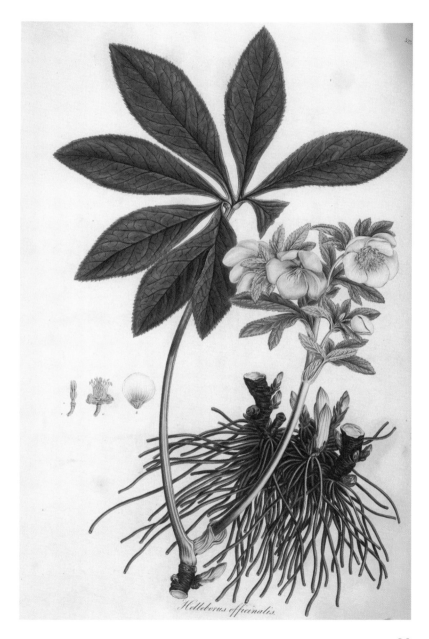

Helleborus officinalis.

出自约翰·西布索普和费迪南德·鲍尔的《希腊植物志》，伦敦，1806—1840年，第6卷，图523。

蛇头鸢尾（黑花鸢尾）*Hermodactylus*

约翰·西布索普最初的想法是去希腊寻找经典著作中提到的植物，大概他是去调查人们为什么用"赫尔墨斯的手指"来命名这种鸢尾。传统上鸢尾象征人类与神灵之间的联系。赫尔墨斯是神，他拿着权杖指引死者的灵魂通向其他世界，这种鸢尾可能类似于他的保护杖——缠绕着蛇的权杖，因此该植物被称为蛇头鸢尾。当约翰·西布索普发现蛇头鸢尾的原生境时，它已在英国花园中家喻户晓。虽然约翰·杰勒德怀疑这种植物不是真的蛇头鸢尾，但他描述其下面的花瓣如"黑色天鹅绒般光滑且柔软"，上面的花瓣是像"鹅粪一样的绿色"。

Iris tuberosa.

出自约翰·西布索普和费迪南德·鲍尔的《希腊植物志》，伦敦，1806—1840 年，第 1 卷，图 41。

木槿 *Hibiscus*

所有的木槿都产自远东地区，木槿（*Hibiscus syriacus*）引种后被希腊和罗马的本草学家们及时提到了。其他来自中国的种在 17 世纪紧随茶叶贸易被引种，并成为珍贵的温室花卉。博福特公爵夫人有一种来自中国的"月季"，其花朵刚开放时是白色的，而后变成暗粉色，这听起来像是木芙蓉（*H. mutabilis*）。在英国，美观的朱槿（*H. rosasinensis*）首次被切尔西药用植物园的菲利普·米勒栽培，虽然这可能已经是再次引种了——正如经常发生的那样，一种脆弱的热带植物在一个靠烧煤炭保温的玻璃温室里几年后就难以生存了。

出自《*自然史绘画 43：广东画册*》，图 102。

虎掌藤（牵牛花）*Ipomoea*

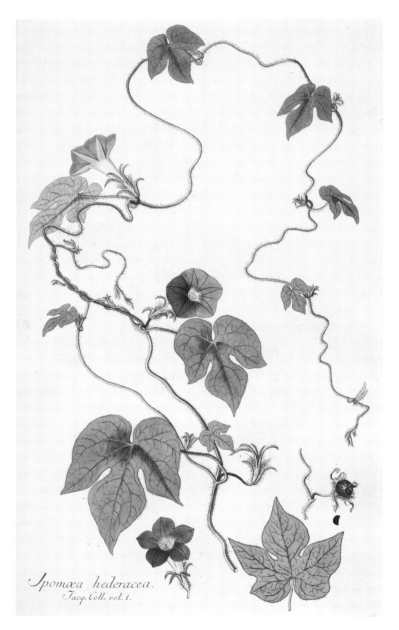

Ipomœa hederacea.
Jacq. Coll. vol. 1.

产自热带美洲的牵牛花比欧洲的其他旋花科植物更美丽，以其"最棒的、美丽的、让观者惊叹的天蓝色"，吸引了 17 世纪的静物画画师们和植物爱好者们（如约翰·帕金森）。真正的牵牛花是具绛紫色条纹花瓣的圆叶牵牛（*Ipomoea purpurea*），而深蓝色的三色牵牛（*I. tricolor*）有能产生幻觉的种子。它们被称为牵牛花（译者注：其英语名 morning glory 意指"早晨开花"）是因为中午花朵就像纸片一样扭成一束，意味着"敏感灵魂"的凋亡。与此同时，番薯（*I. batatas*）成为引入其他热带地区的新的淀粉类食物，它作为食物的重要性在玛丽亚·西比拉·梅里安绘制大幼虫时不经意地进行了强调。

左图：出自尼古劳斯·约瑟夫·雅坎的《珍稀植物图鉴》，维也纳，1781—1793 年，第 1 卷，图 36。

对页图：出自玛丽亚·西比拉·梅里安的《苏里南昆虫变态图谱》，阿姆斯特丹，1705 年，图 50。

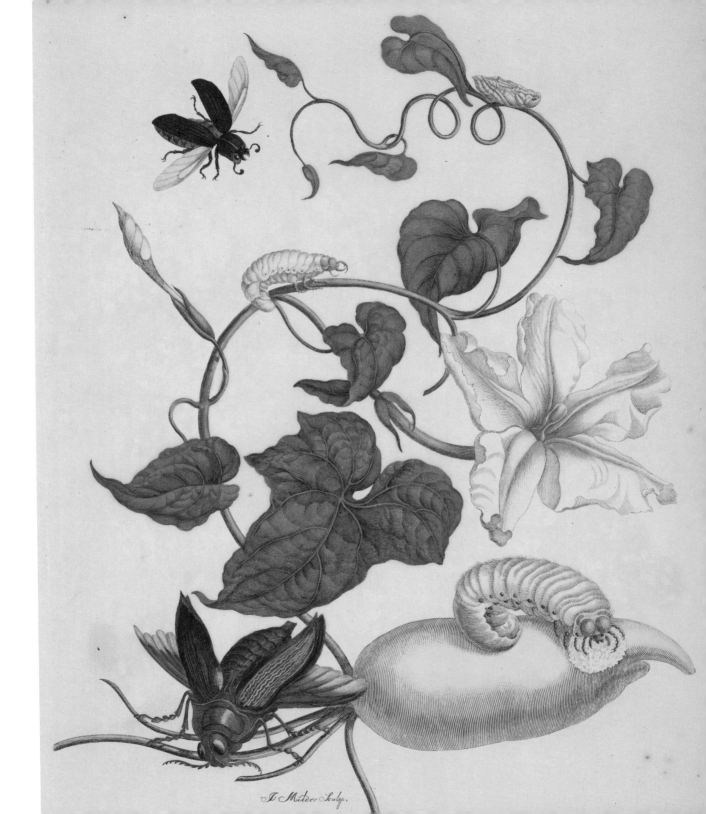

鸢尾 Iris

　　欧洲花园中传统的鸢尾是德国鸢尾（*Iris germanica*），它是多彩的有髯鸢尾（编者注：即花瓣上附有须毛状附属物的鸢尾）的主要亲本。到 17 世纪，中东国家产的球茎鸢尾和高山鸢尾参与杂交后，人们首次看到了颜色和花纹的微妙变化——但说到鉴定它们，约翰·帕金森已于 1640 年称其为"一个混乱但优雅的类群"。尼古劳斯·约瑟夫·雅坎的植物学画师团队在维也纳工作，因此他们能最方便地接触到东欧和西亚的微型高山鸢尾。至于后来引入的其他种类的鸢尾，它们的图谱被收录在《柯蒂斯植物学杂志》中。

Iris flavissima.
Jacq. Coll. vol. 4.

右图：出自尼古劳斯·约瑟夫·雅坎的《珍稀植物图鉴》，维也纳，1781—1793 年，第 2 卷，图 220。

对页图：出自威廉·柯蒂斯的《柯蒂斯植物学杂志》，伦敦，1787—1801 年，第 1/2 合卷，图 1。

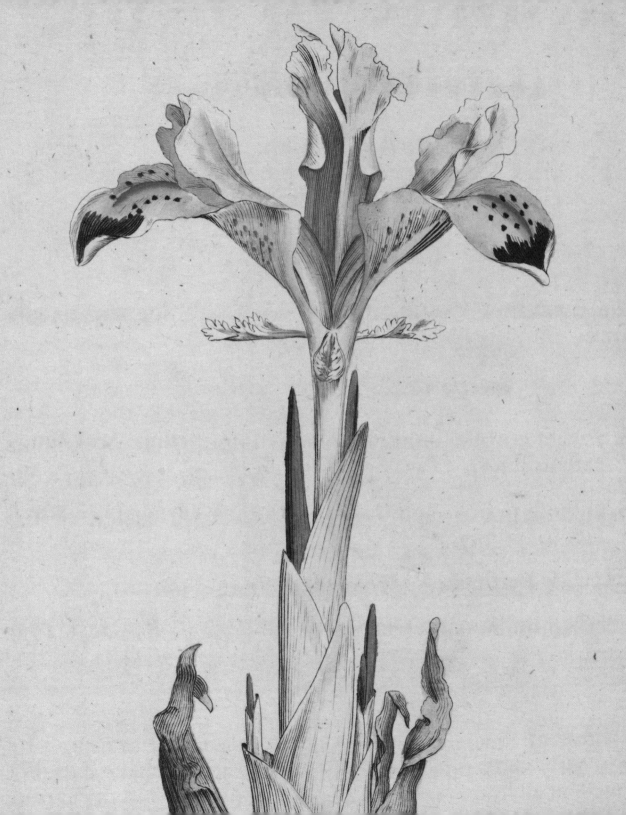

山月桂（印花布灌木）*Kalmia*

山月桂的名字 *Kalmia* 是以芬兰植物学家、卡尔·林奈的学生彼得·卡尔姆的姓氏命名的，他从 1748 年到 1751 年研究了在北美洲极北地区生长的能抵御芬兰和瑞典严酷气候的植物。一种常绿植物尤其吸引了卡尔姆的注意："当其他树木光秃秃地耸立在那儿时，它们用满树的叶片使林间充满生气"；当它们开花时，"很多枝条上密密麻麻的全是花"。后来这种植物就有了"印花布灌木"的名字。在出发去北美洲前，卡尔姆拜访了伦敦的彼得·柯林森和马克·凯茨比，所以他已经知道山月桂长什么样了。他发现凯茨比的植物插画"在纸上完美地表现出了山月桂自然的颜色"，但"不是穷人可以买得起的"。

出自马克·凯茨比的《弗吉尼亚、卡罗来纳、佛罗里达和巴哈马群岛的自然史》，伦敦，1754 年，第 2 卷，图 98。

火把莲（火炬花）*Kniphofia*

常见的栽培品种的火把莲（*Kniphofia uvaria*）是 1707 年从开普地区引种的，整个 18 世纪这种花卉都被郑重地作为温室花卉培育，像它的近缘种芦荟那样。但它的花浓艳、花期短，且人们对这种花的偏好起伏不定。火把莲的名字是为了纪念爱尔福特的约翰·克尼普霍夫教授，他于 1764 年出版了 12 卷对开本的《活标本集》（*Herbarium Vivum*），内有1 200 幅图版，人们先给真实植株上油墨再将其用印刷机印刷出来，这个工艺流程被称为实物印刷。在那个时代出版植物图谱仍是一项非常辛苦且成本昂贵的事业，只能是资助人的慷慨解囊和出版人的试验精神相配合，这种冒险的行为才有成功的可能。

Tritoma Media.　　*Tritoma Intermediaire.*

出自皮埃尔－约瑟夫·雷杜德的《百合》，巴黎，1802—1816 年，第 3 卷，图 161。

山黧豆（香豌豆）*Lathyrus*

在扬·科默兰的位于阿姆斯特丹的花园中，有一种来自西西里岛的不寻常植物。在 1697 年库帕尼神父在《天主教园艺词典》（*Hortus Catholicus*）中对它进行描述之前，野生的山黧豆依旧不被欧洲其他地方所熟知。山黧豆原始的颜色包括里层花瓣的紫色和翼瓣的绛紫色。虽然它是一种四处蔓生的小型植物，但其他植物的花都比不上它的甜香。1699 年科默兰、教皇和恩菲尔德语法学校的罗伯特·尤维达尔博士都获得了这种植物的种子。1722 年当托马斯·费尔柴尔德向其顾客推荐山黧豆时，它们依旧是绛紫色和紫色的，但到了 18 世纪中叶，具有粉色和白色花瓣的变种出现了，且这些品种被命名为"化了妆的夫人"。

出自扬·科默兰的《阿姆斯特丹珍稀本草植物的描述和图鉴园艺词典》，阿姆斯特丹，1697—1701 年，第 2 卷，图 159。

薰衣草 *Lavendula*

薰衣草的香味总能引发人们对迷人夏日和嗡嗡蜜蜂声的联想，它引起了古罗马人的极大关注。他们用拉丁语中关于"洗涤"的词为薰衣草命名，因其香味有让人沐浴的激情，所以传统的薰衣草（*Lavendula angustifolia*）被传遍了欧洲，但耐寒性偏弱的西班牙薰衣草（*Lavendula stoechas*，如右图所示）在北欧依旧少见。最有可能的原因是"西班牙薰衣草更多地在本草学中用于治疗头痛"，它也是在古典作家的著作中唯一能鉴别出的薰衣草属植物。约翰·西布索普编撰《希腊植物志》的主要目的是重新发现希腊本草著作中提到的植物，但在他那标志性的极简风格注释中，西布索普仅仅将西班牙薰衣草描述为"广布种"。

Lavandula Stæchas.

出自约翰·西布索普和费迪南德·鲍尔的《希腊植物志》，伦敦，1806—1840 年，第 6 卷，图 549。

百合 *Lilium*

马克·凯茨比出于经济方面的考虑在这幅插画中融合了两种美洲的百合。花朵较小且更常见的是 1535 年引入法国的加拿大百合（*Lilium canadense*），其花互生在花葶上，花被片微微向后弯；另一种是巨大的华丽百合（*L. superbum*，头巾百合），其花着生在花葶的顶部，花被片完全向后弯。1738 年，凯茨比写道："这种优雅高贵的头巾百合是从北美宾夕法尼亚引种的，在我朋友彼得·柯林森的奇特花园中完美绽放。"左图中的（凯茨比暗指伊甸园的）蛇"约有 30 厘米长且巨大，头朝向前方像蝰蛇那样鼓起面颊"，凯茨比怀疑蛇有毒，因而杀死了它。

出自马克·凯茨比的《弗吉尼亚、卡罗来纳、佛罗里达和巴哈马群岛的自然史》，伦敦，1754 年，第 2 卷，图 56。

鹅掌楸（郁金香树）*Liriodendron*

Arbor Tulipifera.
The Tulip Tree.

Icterus
The Baltimore Bird.

"郁金香树"是1638年小约翰·特雷德斯坎特从美洲引种并依据其形状和花的对比色命名的。北美鹅掌楸生长得不繁茂，直到18世纪30年代，约翰·巴特拉姆开始把成箱的植物寄给英国的收藏者，其中包括数以千计的北美鹅掌楸种子，这些种子主要在彼得勋爵位于埃塞克斯郡的树木苗圃里繁殖。彼得勋爵于1743年去世后，人们开始争相抢购他的树木。里士满公爵以低廉的价格订到了40～50棵其他地方没有的北美鹅掌楸。然而北美鹅掌楸的种子自此之后源源不断地得到供应，到了1768年，菲利普·米勒认为北美鹅掌楸已经"在伦敦周围的苗圃变得常见了"。

出自马克·凯茨比的《弗吉尼亚、卡罗来纳、佛罗里达和巴哈马群岛的自然史》，伦敦，1754年，第1卷，图48。

北美木兰 *Magnolia*

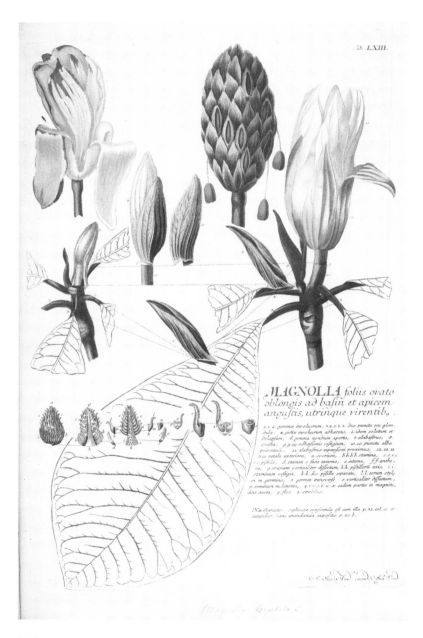

就植物学而言，木兰属植物是原始的，从进化角度来看它是最早的显花植物之一，它的种子包含在球状果之内。17 世纪 80 年代，北美木兰（*Magnolia virginiana*）首次由亨利·康普顿主教栽培成功，当其瓷白色的花朵开放时，"原始"这一形容词不再用来描述它。它的芳香超过其他木兰，但当荷花玉兰（*M. grandiflora*）得到引种时，前者的视觉冲击就没那么大了。马克·凯茨比在美洲见过荷花玉兰，并声称在 1738 年他出版这幅引人瞩目的黑色背景插画（见对页）前不久，这种植物就已引入英国了。1739 年的严冬冻住了泰晤士河，也冻死了许多荷花玉兰的幼苗，但培育这个植物的挫折只是暂时的。

左图：出自克里斯托弗·雅各布·特鲁和乔治·埃雷特的《精选植物》，纽伦堡，1750—1790 年，图 62。

对页图：出自马克·凯茨比的《弗吉尼亚、卡罗来纳、佛罗里达和巴哈马群岛的自然史》，伦敦，1754 年，第 2 卷，图 61。

美国薄荷（马薄荷）*Monarda*

美国薄荷的名字是用来纪念西班牙植物学家尼古拉斯·莫纳德斯的，他对美洲植物的描述于 1577 年得到译介并被誉为"新世界传来的令人开心的新闻"。1638 年小约翰·特雷德斯坎特首次把一种美洲野生的"薄荷"引入英国，而美国薄荷（*Monarda didyma*）是一个世纪后由约翰·巴特拉姆在安大略湖的奥斯威戈搜集的，因此它也叫奥斯威戈茶。1744 年巴特拉姆把美国薄荷的种子寄给了彼得·柯林森，到 1760 年时，科文特花园市场已经有了大量美国薄荷。尽管有各种各样的茶叶可供选择，但人们都称赞美国薄荷叶片的芬芳，将其与佛手柑（一种当时刚在意大利的贝加莫用橙子和柠檬杂交育成的果实）富含芳香油的风味相比。

出自克里斯托弗·雅各布·特鲁和乔治·埃雷特的《精选植物》，纽伦堡，1750—1790 年，图 64。

104

水仙 *Narcissus*

　　水仙是地中海的物种，因其球茎有麻醉作用而在古典时代变得极其著名，这也是其拉丁名 *Narcissus* 的由来。它有一个更无害的名字，叫作 daffodil，源自一种据说生长在希腊下层社会的阿福花。16 世纪时来自西班牙和葡萄牙的水仙属新种得到引种，它们是野生水仙的主要起源地；来自土耳其的新种也得到引种栽培，这里一度是球根花卉的中心，直到荷兰取而代之。各种各样的水仙花，尤其是新的重瓣类型，我们也许能在扬·勃鲁盖尔（1568—1625 年）及其同时代人的绘画中瞥见。同一时期，德国艾希施泰特采邑主教的收藏品被收录在了《艾希施泰特园艺词典》中。而约翰·帕金森列出了 78 个水仙的种类，主要类群有具长副冠的喇叭水仙、具短副冠的红口水仙、成簇开花的欧洲水仙、长寿水仙，以及微型种如之蕊水仙（*Narcissus triandrus*，如右图所示）和黄裙水仙（*N. bulbocodium*）。水仙属的许多种类被证明是寿命很短的。18 世纪 90 年代，《柯蒂斯植物学杂志》中收录了新近从伊比利亚半岛搜集的各种各样水仙的绘画，围裙水仙的条目这样写道："虽然引种了很长时间，但除了在汉普郡的一些花园中，这种花在其他地方还很罕见。"

出自威廉·柯蒂斯的《柯蒂斯植物学杂志》，伦敦，1787—1801 年，第 1/2 合卷，图 48。

莲（荷花）*Nelumbo*

神圣的东方荷花在印度和中国（特别是西藏地区）都受到尊崇，据说在大洪水（译者注：出自《圣经》）后它就出现了，当世界被重新创造时它就生长在初生的泥土中。平静的湖面上和缓慢流动的河水中挺立着不可思议的美丽花朵，它们既是物质上也是精神上对于重生的辉煌象征。事实上这种植物还有可食用部分。带有许多花瓣的荷花图案可能从中国到埃及都能见到。荷花在佛教传说和一些更古老的宗教中的重要性是一样的。对于乔治·埃伯哈德·朗夫的经历而言，"复活"是一个恰当的词汇：他致力于印度尼西亚植物的分类，经历了一系列灾难后，他最终的手稿（由彼得·德勒伊特绘制了插画）幸存了下来。

出自彼得·德勒伊特的《安汶植物》，1692 年，图 77。

猪笼草 *Nepenthes*

当欧洲人和猪笼草不期而遇时，他们自然是异常欢喜的，还用不同语言给它起了昵称：先是葡萄牙语的 cannekas de mato，然后是荷兰语的 kannekens-kruyd，还有英语的 monkey cups（"猴子的杯子"）。17 世纪卓越的荷兰植物学家乔治·埃伯哈德·朗夫觉得大自然在玩一些不可思议的游戏，他调查了猪笼草瓶状体中的液体并意识到它可以引诱和捕捉昆虫，但他没有意识到猪笼草消化掉这些生物的同时可以汲取养分。朗夫出版的《安汶标本集》中的图谱依旧是未上色的，但彼得·德勒伊特绘制了一系列生机勃勃的植物图谱，他曾是一名军人，后来成为绘图员，于 1688 年在安汶岛加入了朗夫的研究活动。

出自彼得·德勒伊特的《安汶植物》，1692 年，图 5。

纳丽花（根西百合）*Nerine*

LILIO-NARCISSVS V

Japan Lily wiht lesser Flowerr.

35.

纳丽花是最早从南非引入欧洲的植物之一。1634年，一株纳丽花在巴黎让·莫兰的花园中开放，但莫兰宣称花来自日本。约翰·伊夫林及其同时代的人称纳丽花为"根西百合"，因一艘从日本回国的船在根西失事，纳丽花种球被冲到海岸并适应了沙子中的环境。当地人很高兴，为了纪念这段历史便称其为纳丽花，意指"海仙女"。由于荷兰的船舶从日本返航时总是会在开普地区补给，这就解释了纳丽花是如何到了船上的。当1772年弗朗西斯·马森乘坐"奋进号"到达南非时，他发现野生的纳丽花生长在桌山，进而最终确认了它的起源。

出自克里斯托弗·雅各布·特鲁和乔治·埃雷特的《最美的园艺词典》，纽伦堡，1768—1786年，图35。

夹竹桃 *Nerium*

夹竹桃是地中海地区最美丽的灌木之一。这种植物从这里直到日本，整个亚洲都有栽培，但它具有剧毒。当夹竹桃作为花卉被引入北欧培育时得名蔷薇月桂，然而其英语名oleander 意指"像油橄榄的叶片"。1611 年老约翰·特雷德斯坎特从法国国王的园丁让·罗宾那里获得了夹竹桃。随后在 17 世纪，随着一个更广为栽培的变种从东方引入，人们重新对夹竹桃产生了兴趣。扬·科默兰从锡兰（现称斯里兰卡）的劳伦斯·佩吉尔那里获得了一株罕见的深红色、重瓣花的夹竹桃。

Nerium Oleander.

出自约翰·西布索普和费迪南德·鲍尔的《希腊植物志》，伦敦，1806—1840 年，第 3 卷，图 248。

睡莲 *Nymphaea*

　　非洲和埃及的蓝睡莲对于罗伯特·约翰·桑顿栽种着神秘花卉的万神殿来说是理想的，他绘制了《花之神殿》中的图谱。右图中的清真寺背景与寺庙主题产生呼应，使人联想到柯勒律治笔下的长诗《忽必烈汗》中描绘的富丽堂皇的穹顶，或是位于布赖顿的皇家行宫，这无疑也暗示了蓝睡莲生长的地区。在人们的意识里，睡莲天蓝色的花瓣尤其与古埃及的寺庙和坟墓相关，来自这个文明的人们了解并崇拜植物引起幻觉的特性。作为喜欢去发现一些能引起轰动的新奇事件、进而受到人们瞩目的人，桑顿知道这个吗？可能知道，因为桑顿的职业生涯始于医学，并且他作为盖伊医院药用植物学讲师继任了杰出植物学家詹姆斯·爱德华·史密斯的职位。

出自罗伯特·约翰·桑顿的《花之神殿》，伦敦，1799—1807 年。

仙人掌（梨果仙人掌）*Opuntia*

梨果仙人掌因其果实可食用，也被称为"刺梨"，但它更重要的用途是胭脂虫的寄主，从这种虫中能提取一种红色染料。欧洲人有把有价值的植物运往全世界的癖好。仙人掌就是一个早期的例子（所有仙人掌科植物都起源于美洲），比如他们把梨果仙人掌带到北非，把鹤进帐（*Opuntia aurantiaca*）带到南非和澳大利亚。当时，印度的纺织品在欧洲十分流行，作为新的红色染料来源，梨果仙人掌在印度的引种使纺织品的品质得以改进。右图这幅印度自然史绘画表现的是胭脂虫的发育过程，其附带的文字证实了梨果仙人掌是作为寄生虫的食物从西印度群岛引入英国的。

出自韦尔斯利的收藏《自然史绘画 16》，图 63。

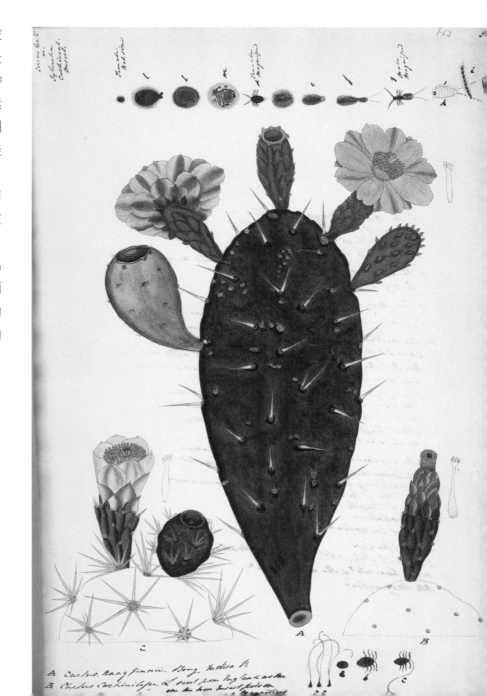

芍药（牡丹）*Paeonia*

欧洲上流社会从进口自中国的手绘壁纸上的图案开始了解到牡丹的魅力，多年来约瑟夫·班克斯为打听到牡丹（芍药属下一种）的消息多次令人去广东做贸易。18 世纪 90 年代首次引入的牡丹（*Paeonia moutan*）是粉色的，但吊起了人们想要更多其他花色的胃口。这个任务便降临到了维多利亚时代的植物猎人罗伯特·福钧（又译"福琼"）头上，以满足人们的愿望。探寻牡丹新品种的热情也洋溢在中国的每个春季。与此同时，根据马尔迈松城堡的花园中种植的植株，皮埃尔－约瑟夫·雷杜德画了一幅极好的粉花牡丹图，根据艾梅·邦普朗的附文我们得知，"这株牡丹是从伦敦的东印度公司获得的，该公司是我们栽培的所有中国植物的宝库"。

出自艾梅·邦普朗和皮埃尔－约瑟夫·雷杜德的《马尔迈松和纳瓦拉栽培珍稀植物的描述》，巴黎，1813 年，图 23。

罂粟 *Papaver*

罂粟（*Papaver somniferum*）有麻痹疼痛和催眠的功效。到了 17 世纪，由于罂粟新品种的种子从土耳其的腹地被引入，一些非常美丽的品种开始出现在欧洲的花园和绘制在静物画上。一系列色彩丰富的重瓣和花瓣具齿的罂粟绘图被收录在《艾希施泰特园艺词典》中，该著作是艾希施泰特采邑主教在德国南部花园中的植物图片记录。在采邑主教有防御工事的城堡的墙内，河谷下的沃土填满了岩壁，便成为花坛（罂粟种子最喜欢这样的沃土）。

出自巴西利乌斯·贝斯莱尔的《艾希施泰特园艺词典》，阿尔特多夫，1613 年。

Tordilion Creticum.

Papaver laciniatum rubum unguibus purpureis.

Papaver laciniatum ru unguibus albis.

西番莲（热情果）*Passiflora*

Passiflora incarnata.
Jacq. Misc. ed. 3.

当罗马天主教的传教士们在南美洲首次发现西番莲的花朵时，它们是由基督十字架的象征而得名的：3 个柱头象征着钉子，5 个花药象征着耶稣手上、脚上和旁边的伤口，内轮的花冠象征着荆棘王冠，攀爬的卷须象征着抽打耶稣的人手中的鞭子。新教国家的教徒们驳斥了这种解释，但这一名称却被保留了下来。同时，在 17 世纪，越来越多的具有相同奇怪排列构造的西番莲被引种。第一种是从北美弗吉尼亚引种的肉色西番莲（*Passiflora incarnata*，如左图所示），但现在只有与之花色相似的西番莲（*P. caerulea*，如对页图所示）被证明是耐寒的。后者在奥兰治亲王威廉三世及其妻子玛丽统治英国时期首次出现栽培记录——该种是汉普顿宫搜集来的奇花异草中的一种。

左图：出自尼古劳斯·约瑟夫·雅坎的《珍稀植物图鉴》，维也纳，1781—1793 年，第 1 卷，图 187。

对页图：出自威廉·柯蒂斯的《柯蒂斯植物学杂志》，伦敦，1787—1801 年，第 1/2 合卷，图 28。

天竺葵 *Pelargonium*

老鹳草（英文名为 cranesbills，直译为"鹤的喙"）和天竺葵（英文名为 storksbills，直译为"鹳的喙"）的得名都是因为它们的种皮形如鸟的长喙。植物学家们通过雄蕊的数量来区分它们。虽然它们通常都被称为老鹳草，但在 18 世纪引种自南非需要在温室越冬的植物是天竺葵。第一种被引入（或引活）的是盾叶天竺葵（*Pelargonium peltatum*，如左图所示），它是最耐寒和最容易繁殖的种类之一，由博福特公爵夫人栽培；紧接着引入的是 18 世纪早期的马蹄纹天竺葵（*P. zonale*），它是我们熟悉的现代天竺葵早先的亲本。到了 18 世纪 90 年代《柯蒂斯植物学杂志》已能展示许多新引种的品种，这要归功于弗朗西斯·马森。许多品种的性状和叶片香气非同凡响，如木锉形叶片、红褐色叶片、桦木形叶片，以及因不寻常的长矛状叶片而得名的长叶天竺葵（*P. lanceolatum*，如对页左上图所示）。方茎洋葵（*P. tetragonum*，如对页右上图所示）具有极小的叶片和方形的茎，而二色天竺葵（*P. bicolor*，如对页左下图所示）首次由比特伯爵约翰·斯图加特栽培，他既是热切的植物爱好者，也是最不受欢迎的首相。当 18 世纪 90 年代三色天竺葵（*P. tricolor*，如对页右下图所示）被发现时，它让所有其他的天竺葵都黯然失色了。

左图：出自威廉·柯蒂斯的《柯蒂斯植物学杂志》，伦敦，1787—1801 年，第 1/2 合卷，图 20。

对页图：出自威廉·柯蒂斯的《柯蒂斯植物学杂志》，伦敦，1787—1801 年，顺时针方向（左上图起）：第 1/2 合卷，图 56；第 3/4 合卷，图 136；第 7/8 合卷，图 240；第 5/6 合卷，图 201。

鹤顶兰 *Phaius*

鹤顶兰通过东印度公司的一艘来自广东的商船被首次引入英国，它在黑色陶盆里的硬化土壤中茁壮生长。鹤顶兰被彼得·柯林森和约翰·福瑟吉尔分株，且两人于1778年都成功将它培育出花朵。它焦糖色花瓣的外观很华丽，随后这一植物便有了鹤顶兰的名字，它在希腊语中意指"黝黑的"。但起初为了纪念坦克维尔（Tankerville）夫人，它曾被命名为坦氏白芨（*Bletia tankervilleae*）。坦克维尔夫人是坦克维尔伯爵在费利克斯峰可以瞭望泰晤士河的精致花园背后的灵魂人物，他们与18世纪流行的花园联谊会也有密切联系。伯爵的第一爱好是板球，坦克维尔家的首席园丁爱德华·史蒂文斯因其高超的技艺被任命为投球手。

出自托马斯·哈德威克的《印度花卉绘画集》，图68。

福禄考 *Phlox*

当这种淡紫色的、夜晚散发芳香的福禄考于1728年出现在约翰·马丁的《珍稀植物历史》中时，它是新近才从美洲引种的一种植物。马丁称它首次被栽培于托马斯·费尔柴尔德在霍克斯顿的苗圃中，1726年马克·凯茨比从美洲回国后就在那里生活和工作，这暗示凯茨比引种了该植物。他的竞争对手詹姆斯·谢拉德宣称其位于肯特郡埃尔瑟姆的花园以珍稀植物著称。詹姆斯和哥哥威廉·谢拉德都因这种植物的引种而受到赞颂。威廉早期的植物学生涯由博福特公爵夫人和汉斯·斯隆爵士资助。但因为威廉资助了凯茨比到美洲的考察活动，很可能兄弟俩也收到了凯茨比所种的一些福禄考。

出自约翰·马丁的《珍稀植物历史》，伦敦，1728年，图10。

鸡蛋花 *Plumeria*

鸡蛋花原产自美洲热带，但被传播到了整个热带地区，它的流行应归功于其蜡质白花的香甜气味。它的花也有粉色的，但不管是种植在花园和寺庙附近，还是用于观赏佩戴，仍是纯白色的花获得了更多的青睐。它的拉丁名是为了纪念查尔斯·普鲁密尔，当路易十四听说汉斯·斯隆在牙买加的植物发现（包括可可树）后，1689 年他派遣普鲁密尔去了加勒比地区。马克·凯茨比跟随他们的脚步于 1714 年探访了牙买加，并完整地画了带有裂开的果荚的鸡蛋花和缠绕在其上的铜红西番莲（*Passiflora cupraea*），这是其自然状态下的样子。

出自马克·凯茨比的《弗吉尼亚、卡罗来纳、佛罗里达和巴哈马群岛的自然史》，伦敦，1754 年，第 2 卷，图 93。

附柱兰（章鱼兰）*Prosthechea*

1703 年法国植物学家查尔斯·普鲁密尔命名了章鱼兰，并被其黑色的唇瓣所吸引，虽然晃来晃去的绿色花瓣（大多数兰花的花瓣在唇瓣上面）让人想起了乌贼或章鱼。章鱼兰的含水能力很强，因为人们发现这些兰花附生在中美洲热带沼泽里伸展出的树枝上。当弗兰西斯一世皇帝决定在维也纳附近建造花园时，奥地利植物学家尼古劳斯·约瑟夫·雅坎的声望很高，他被派遣到西印度群岛为新的花园温室搜集植物。到 1756 年，雅坎已经拥有了丰富的收藏，他雇用了一个画师团队去描绘它们，这些画师包括弗朗西斯·鲍尔和费迪南德·鲍尔兄弟，他们其中一人用画笔在这幅作品中捕捉到了这种兰花的魅力。

出自尼古劳斯·约瑟夫·雅坎的《珍稀植物图鉴》，维也纳，1781—1793 年，第 3 卷，图 605。

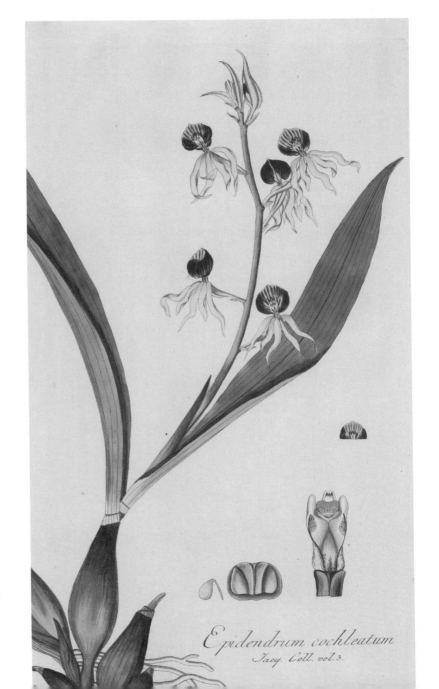

Epidendrum cochleatum
Jacq. Coll. vol.3.

帝王花 *Protea*

　　1792 年的《柯蒂斯植物学杂志》描述帝王花为"邱园开普温室最重要的观赏植物"。1774 年，在弗朗西斯·马森搭乘"奋进号"探险后引种了这种植物："结构非常奇怪且有趣的帝王花有着华丽的外观，事实上那不是一朵花，而是由许多苞片包围着的一个花蓉中的无数小花。"几年后帝王花在马尔迈松开花时更为壮观。这种南非植物的植物学特征与一些澳大利亚的新发现有亲缘关系，包括佛塔树和银桦——这些植物很可能都是从古代雨林树木逐渐进化而来的，它们由小型哺乳动物吸食花蜜来授粉。

右图：出自艾梅·邦普朗和皮埃尔－约瑟夫·雷杜德的《马尔迈松和纳瓦拉栽培珍稀植物的描述》，巴黎，1813 年，图 59。

对页图：出自威廉·柯蒂斯的《柯蒂斯植物学杂志》，伦敦，1787—1801 年，第 9/10 合卷，图 346。

杜鹃花 *Rhododendron*

喜马拉雅山脉是杜鹃花生长的心脏地带，但这里不易到达，使得东方的杜鹃花种类很晚才被引入欧洲，而起初的引种都是美洲的种类。1753 年卡尔·林奈把常绿的杜鹃花从落叶的杜鹃花中分出来，但就植物学而言，它们都是杜鹃花。马克·凯茨比绘制了北美弗吉尼亚的"沼泽忍冬"（一种落叶的杜鹃花），"它能忍受我们这里的气候，开粉色或紫色的香花"。第一种引入欧洲的常绿杜鹃花是 1736 年约翰·巴特拉姆从北美宾夕法尼亚寄来的极大杜鹃（*Rhododendron maximum*，花不大），乔治·埃雷特绘图记录了它，但它在惠顿的阿盖尔公爵那里很难开花。与此同时，法国植物学家约瑟夫·皮顿·德图内福尔在去黎凡特的准外交航行中，在黑海旁（古代的本都王国）发现了开紫色花的黑海杜鹃花（*R. ponticum*），如今已普遍栽培的该种于 1781 年首次由尼古劳斯·约瑟夫·雅坎绘制图谱。彼得·德勒伊特为一种东方的杜鹃花首次绘制的图谱在一个世纪后被《柯蒂斯植物学杂志》所采用，因为这种植物此时已来到欧洲。

左图: 出自马克·凯茨比的《弗吉尼亚、卡罗来纳、佛罗里达和巴哈马群岛的自然史》，伦敦，1754 年，第 1 卷，图 57。

对页左上图: 出自彼得·德勒伊特的《安汶植物》，1692 年，图 23。

对页右上图: 出自尼古劳斯·约瑟夫·雅坎的《珍稀植物图鉴》，维也纳，1781—1793 年，第 1 卷，图 78。

对页左下图: 出自威廉·柯蒂斯的《柯蒂斯植物学杂志》，伦敦，1787—1801 年，第 5/6 合卷，图 180。

对页右下图: 出自克里斯托弗·雅各布·特鲁和乔治·埃雷特的《精选植物》，纽伦堡，1750—1790 年，图 66。

蔷薇（月季）*Rose*

Rosa Indica vulgaris.   Rosier des Indes commun

中国月季的长花期与情诗中形容的欧洲月季转瞬即逝的短花期对比鲜明，于是它的引入引起了一场月季育种的革命。1752年菲利普·米勒把一株粉色的中国月季种在了切尔西药用植物园，到1790年另外两个品种的中国月季得到引种：以东印度公司负责人名字命名的"斯莱特猩红"（编者注：其汉语名为"赤龙含珠"）（如对页图所示），该负责人乐意把该品种送给那些想要繁育它的人；以及后来被称为"月月粉"的"帕森粉"（如左图所示），通过最小的插穗这个品种就能生长。接下来是从广东的苗圃引进的以其微妙的茶叶香命名的香水月季（又称茶香月季）。通过和欧洲的月季反复杂交，杂交香水月季和杂交长春月季培育成功了，它们是现代月季——这些四季持续开花的品种的亲本。马尔迈松的约瑟芬皇后极其著名的月季栽培与收藏标志着这个引种高潮的来临。

左图：出自皮埃尔－约瑟夫·雷杜德的《月季》，巴黎，1817—1824年，第1卷，图51。

对页图：出自皮埃尔－约瑟夫·雷杜德的《月季》，巴黎，1817—1824年，第1卷，图123。

金光菊 *Rudbeckia*

裂叶金光菊（*Rudbeckia laciniata*）在17世纪被描述成"具锯齿状花瓣的向日葵"，人们那时首次将它从加拿大引入法国。巴黎的维斯帕西安·罗宾"给约翰·特雷德斯坎特先生的一些分根苗已经繁殖得很好，因此他也给了我一些"，这是1640年约翰·帕金森的《植物剧院》上所记载的。法国皇家园丁让·罗宾及其儿子维斯帕西安与英国皇家园丁约翰·特雷德斯坎特父子的经历相同，两家经常交换植物。而金光菊的属名是为了纪念另外一对继任者：鲁德贝克父子，他们在卡尔·林奈之前就是乌普萨拉大学的植物学教授及乌普萨拉植物园的创建者。

出自尼古劳斯·约瑟夫·雅坎的《珍稀植物图鉴》，维也纳，1781—1793年，第3卷，图592。

瓶子草 *Sarracenia*

马克·凯茨比注意到这种奇怪的植物，是因其生长在北美弗吉尼亚的沼泽中，约有 1 米高："叶片长成一个管状物，顶端展开并拱起来保护管状物里面不受雨水侵害，因雨水填满管状物后会损坏其叶片；但叶片的中空部分总是有一些水，好像是充当了许多昆虫、蛙类和其他动物的避难所。"这是一个合理的观察结论，只可惜凯茨比观察到的液体其实是引诱生物落入陷阱的蜜露，其强大的酶可以消化掉这些生物。适合瓶子草的食物是红眼蛙，显然凯茨比没有意识到这点，因为他只看见红眼蛙在炎热的夜晚捕捉萤火虫，并试着用从烟斗敲下来的炙热余烬引诱它。

出自马克·凯茨比的《弗吉尼亚、卡罗来纳、佛罗里达和巴哈马群岛的自然史》，伦敦，1754 年，第 2 卷，图 69。

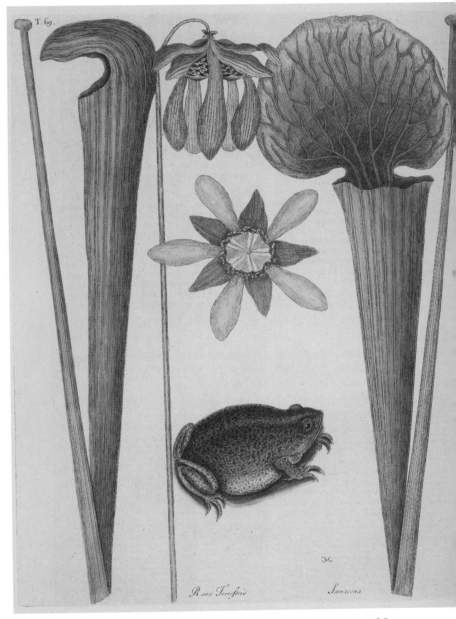

蛇鞭柱（夜皇后）*Selenicereus*

人们在 1700 年首次描述了来自牙买加的这种令人惊叹的、在夜晚开花的仙人掌。为了在最短的必要时间内让一种飞蛾授粉，它仅在夜晚开花，所以人们很难看见它的花。为在《花之神殿》中描绘这个现象，罗伯特·约翰·桑顿以教堂塔钟刚过午夜十二点的指针和映在水面涟漪上的月光作背景，蛇鞭柱攀爬在与其不相称的栎树和常春藤上，其张开的花瓣和雄蕊如同彗星的尾巴围绕着星状的柱头。桑顿展现的这幅场景带着歌剧般的浪漫和剧情——1791年莫扎特谱写了歌剧《魔笛》之后，蛇鞭柱以剧中角色"夜皇后"的名字为人们所熟悉。

出自罗伯特·约翰·桑顿的《花之神殿》，伦敦，1799—1807年，图版40。

燕水仙（龙头花）*Sprekelia*

亨利四世时期在法国卢浮宫工作的园丁让·罗宾是 17 世纪早期植物爱好者们之间联系的纽带，他给外国到访者提供稀有植物和建议，包括当时访问巴黎的老约翰·特雷德斯坎特。罗宾也在建立皇室收藏奇异植物的传统和雇用植物学画师描绘它们方面起到了至关重要的作用。与 18 世纪的植物学艺术相比，当时许多插画是粗糙的，但对燕水仙的描绘却十分细致入微。该植物原产自墨西哥并经西班牙得到引种。

出自皮埃尔·瓦莱的《国王的羊皮卷》，巴黎，1608 年，图 16。

犀角 *Stapelia*

弗朗西斯·马森在其成功培育和送给邱园的所有南非植物中对犀角最为着迷，他还致力于关于犀角属植物的专著撰写。在《新犀角》（*Stapeliae Novae*）一书中，他热情地关注了个体的细节，并对犀角属的习性及生境作了清晰注释，还绘制了40个不同的种。马森表面上谦虚地写道："我很少在图谱艺术方面自夸，但与其他人对温室植物的描绘相比，可能我的图谱代表了真实的情况。"这可能是他借机对不喜欢出门的植物搜集者们和画师们进行的抨击。仿佛作为回应，罗伯特·约翰·桑顿在《花之神殿》中绘制了一幅十分丑陋的犀角图版，里面有授粉蝇虫产的卵和孵化出的蛆。

Stapelia grandiflora

出自弗朗西斯·马森的《新犀角》，伦敦，1796年，图11。

132

鹤望兰（极乐鸟）*Strelitzia*

1774 年，弗朗西斯·马森搭乘库克船长的"奋进号"航船时将鹤望兰从南非引种至欧洲。当这种令人惊叹的花在邱园的皇家温室开放时，约瑟夫·班克斯为了纪念夏洛特王后用拉丁文 *Strelitzia*（意思是"Strelitz 的"）和 *reginae*（意思是"皇后"）作为属名和种加词为这种花命名。夏洛特是班克斯的资助人国王乔治三世的妻子，也是梅克伦堡－斯特雷利茨公主。1791 年的《柯蒂斯植物学杂志》写道："它依旧非常罕见且昂贵，在盆中很少开花，除非其根系扎进温室地面的腐烂鞣料中。""鹤望兰"这个与鸟相关的通俗名称是恰当的，因为太阳鸟会被它的花的明亮颜色吸引，并受花蜜诱惑，从而停留在水平生长的佛焰苞上给它授粉。

出自皮埃尔－约瑟夫·雷杜德的《百合》，巴黎，1802—1816 年，第 2 卷，图 77。

蒂罗花（红火球帝王花）*Telopea*

约瑟夫·班克斯在其植物湾的搜集活动中首次描述了后来成为澳大利亚新南威尔士州象征的蒂罗花。左图是与实物一样大小的詹姆斯·索尔比的插画，花径为15厘米。詹姆斯·爱德华·史密斯写道："（这是）新荷兰的富饶土壤赐予的最壮丽的植物……当地人的最爱是从花朵中呷巴丰富的蜜汁。"但史密斯也遗憾地补充道："它的种子在其他国家不能生长。"虽然克利福德夫人"从悉尼峡谷获得了活的植株，但它并没开花"。索尔比不得不根据约翰·怀特从澳大利亚寄来的图和干标本创作图谱，结果证明了他的绘画技艺和怀持的标本制作技术十分高超。

出自詹姆斯·爱德华·史密斯和詹姆斯·索尔比的《新荷兰的植物学标本》，伦敦，1793年，图版 7。

旱金莲（印度水芹）*Tropaeolum*

旱金莲原产自中美洲和南美洲，16 世纪更小的小旱金莲（*Tropaeolum minus*）首次被引入西班牙。法国国王的园丁让·罗宾栽培了该植物并将种子寄到了英国。约翰·帕金森称旱金莲为"黄花飞燕草"，并称它为"花园中最美丽的花……与香石竹搭配成精致的小花束既有视觉美又有嗅觉美"。但它通常是作为一种有营养的沙拉香草（令人困惑的是，它以前的拉丁名意指"水芹"）为人们所使用的。约翰·伊夫林推荐将它的种子研磨后作为芥末。1684 年植株偏大的旱金莲（*T. majus*）引种后就取代了小旱金莲。18 世纪中叶意大利的重瓣类型更激发了人们新的兴趣。

出自威廉·柯蒂斯的《柯蒂斯植物学杂志》，伦敦，1787—1801 年，第 1/2 合卷，图 23。

郁金香 *Tulipa*

欧洲有原生的郁金香，如林生郁金香（*Tulipa sylvestris*，如左图所示），但是其园艺品种的亲本是人们从中亚沿着丝绸之路带来的东方品种。这些品种于 16 世纪中叶从奥斯曼帝国被引入奥地利并引起了植物猎人们的狂热兴趣，在荷兰郁金香甚至成了金融投机买卖的商品，从而导致了 1637 年的一次不可避免的市场崩溃。1787 年约翰·西布索普发现了土耳其野生的淑女郁金香（*T. clusiana*，如右图所示），这是以克鲁修斯的姓氏恰当命名的一个物种，因为克鲁修斯是欧洲第一个培育这种郁金香的人。18 世纪土耳其的郁金香节活动在烛光和笼中夜莺的鸣叫声中举行。这些奥斯曼郁金香的花瓣是细长的彩色丝带状，其顶端是尖的，这一特性源自尖瓣郁金香（*T. acuminata*，如对页图所示），它是一种被约瑟芬皇后收藏的奇葩，皮埃尔－约瑟夫·雷杜德为它绘制了插画。

上图：出自皮埃尔－约瑟夫·雷杜德的《百合》，巴黎，1802—1816 年，第 3 卷，图 165。

右图：出自约翰·西布索普和费迪南德·鲍尔的《希腊植物志》，伦敦，1806—1840 年，第 4 卷，图 329。

对页图：出自皮埃尔－约瑟夫·雷杜德的《百合》，巴黎，1802—1816 年，第 8 卷，图 455。

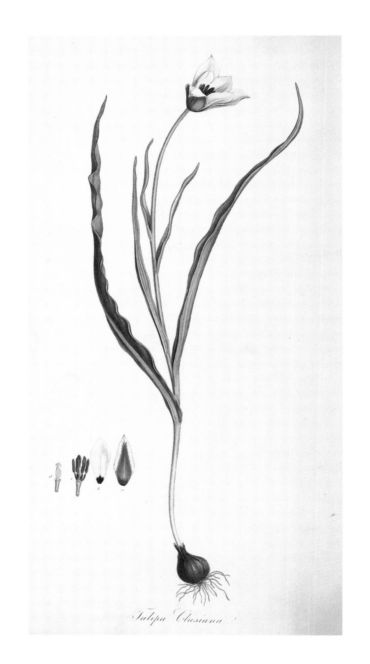

Tulipa Clusiana

万代兰 *Vanda*

印度和马来西亚的万代兰也被称为"蛾兰"，它与现在随处可见的蝴蝶兰有亲缘关系。比万代兰的美丽更令人惊叹的是其生长的方式：这种植物一大簇一大簇地生长在树干和大树枝上。威廉·罗克斯伯勒把万代兰描述成"一种非常美丽的多年生寄生植物"，但它不危害树木，故而这是一种附生关系。左侧这幅万代兰（*Vanda oronbunglia*）的插画很可能出自 18 世纪 70 年代罗克斯伯勒雇用的一位印度画师之手（这位画师最终完成了超过 2 000 幅画作），罗克斯伯勒将它寄给了东印度公司的负责人，为其提供关于印度植物学珍宝的思路。约瑟夫·班克斯从这些画作中精选了约 300 幅用在《科罗曼德尔海岸的植物》一书中。

出自威廉·罗克斯伯勒的《科罗曼德尔海岸的植物》，伦敦，1795—1819 年，第 1 卷，图 42。

马蹄莲 *Zantedeschia*

马蹄莲是荷兰阿姆斯特丹的扬·科默兰和居住在英国切尔西附近的博福特公爵科默兰所珍视的南非植物之一。在南非的德兰士瓦，马蹄莲大量生长在潮湿的地方，并被称为猪百合（可能是因为天南星科植物有诱惑蝇类帮助其授粉的气味特点）。马蹄莲的拉丁名是为了纪念意大利植物学家乔瓦尼·赞特迪斯基而起的。在美洲，有一种近似的野生天南星科植物被称为沼生水芋（*Calla palustris*），它常生于沼泽地，也带白色的佛焰苞和典型的伸出来的肉穗花序，所以卖马蹄莲的花商把它们搞混了，实际上已经拥有了丰富多彩的花色的是马蹄莲。

ARVM ÆTHIOPICVM FLORE ALBO, ODORATO.

出自扬·科默兰的《阿姆斯特丹珍稀本草植物的描述和图鉴园艺词典》，阿姆斯特丹，1697—1701 年，第 1 卷，图 95。

139

百日菊 *Zinnia*

墨西哥的阿兹特克人栽培了百日菊，也开发了大丽花和孔雀草。1753 年第一种被引入欧洲的百日菊是开大量纤弱红花的细花百日菊（*Zinnia tenuiflora*）。卡尔·林奈以德国植物学家约翰·齐恩的姓氏命名了百日菊〔大丽花（*Dehlia*）则是以瑞典植物学家安德斯·达尔的姓氏命名的，达尔认为大丽花是一种有前途的新蔬菜〕。英国大使在到达西班牙后不久就把花大一些的百日菊（*Z. elegans*）的种子寄回了国，这是现代百日菊的亲本。大使还寄了大丽花，当时大丽花被称为 *cocoxochitl*。在这两种新引种的植物中，人们发现百日菊更容易栽培和开花。

右图和对页图：均出自尼古劳斯·约瑟夫·雅坎的《珍稀植物图鉴》，维也纳，1781—1793 年，第 3 卷，图 590 和图 589。

再版译后记

8年前我第一次也是迄今唯一一次翻译图书，毫无经验可言，当时只力求中文版与原版能一一对应。8年后我再看当初的译稿，它俨然已不符合要求了，幸得出版社编辑再版此书和对我的不弃，让我有机会得以再度打磨译本并纠正首译版中的错误。

西莉亚·费希尔在学生时代就广泛研究了西方主要时期的植物绘画作品和相关的艺术史，此后依托世界顶级图书馆——大英图书馆的浩瀚馆藏，创作出了多本得到世界范围内花卉爱好者热捧与认可的著作。本书在"作者的话"中写道：希望读者能在花卉之美的吸引下，进一步探索花卉本身。在这句话的指引下，也正因为翻译了这本书，我才有了编写中国观赏植物采集和引种历史著作的想法，令我欣慰和兴奋的是这个想法正在进行当中，并预计在2～3年后与读者见面。另外，本书在"引言"中还写道：这种植物学的人际关系网并非新事物。当时这句话给我的印象极为深刻且让我深有体会。得益于此，近日我通过这个"人际关系网"联系到了西莉亚·费希尔，并在相关领域有了更多的交流。

初译本书时儿子刚牙牙学语并不时翻弄原著，当时他的行为让我意识到这也是一本可以给儿童翻阅和讲解的彩色书。如今，闲暇时儿子喜欢把绘画作为消遣，并对获取植物学知识有了更多发自内心的渴望，我想这本书也功不可没吧！

总之，这本书的文字让植物学和园艺学的研究精神得以传承，这本书的图像让花朵的美得以永恒！

董文珂

2023年11月13日

延伸阅读

威尔弗里德·布伦特和威廉·斯特恩的《植物学图谱的艺术》（*The Art of Botanical Illustration*），伦敦，1950 年，1994 年新版。

道格拉斯·钱伯斯的《英国园林的种植者》（*The Planters of the English Landscape Garden*），纽黑文，伦敦，1993 年。

爱丽丝·科茨的《探索植物：园艺探险家的历史》（*The Quest for Plants: A History of Horticultural Explorers*），伦敦，1969 年。

玛吉·坎贝尔–卡尔弗的《植物的起源》（*The Origin of Plants*），伦敦，2001 年。

雷·德斯蒙德的《皇家植物园邱园的历史》（*The History of the Royal Botanic Gardens, Kew*），伦敦，1995 年，2010 年新版。

佩内洛普·霍布豪斯的《花园史中的植物》（*Plants in Garden History*），伦敦，2004 年。

马克·莱尔德的《园林的鼎盛时期》（*The Flowering of the Landscape Garden*），费城，1999 年。

黑兹尔·勒鲁热特尔的《切尔西园丁：菲利普·米勒（1691—1771 年）》（*The Chelsea Gardener, Philip Miller 1691—1771*），伦敦，1990 年。

马丁·里克斯的《植物学图谱的艺术》（*The Art of Botanical Illustration*），伦敦，1981 年，1989 年新版。

安德烈亚·伍尔夫的《园丁兄弟们：植物学、帝国和一种痴迷的诞生》（*The Brother Gardeners: Botany, Empire and the Birth of an Obsession*），伦敦，2008 年。